W0385881

SOLARSYSTEM

Du même auteur

Naso lituratus
roman
Actes Sud, 2001

Prions
roman
Seuil, 2004

Latex
roman
Seuil, 2008

LAURENT SCHWEIZER

SOLARSYSTEM

roman

ÉDITIONS DU SEUIL
25, bd Romain-Rolland, Paris XIVe

ISBN 978-2-02-107301-0

www.seuil.com

Je recharge mon arme et recommence à tirer sur les Aliens se démultipliant dans la nuit solaire. L'anticipation de leurs assauts et la densité des séquences de tir me font avancer dans le flux d'images comme dans un rêve intuitif. Chaque contact avec les crânes protubérants et les yeux sans regard accentue mon immersion. Défiant les rangées de lames étincelant dans leurs gueules, je détruis les monstres, les éjecte du pont du vaisseau couvert de leur plasma et les fais disparaître dans les ténèbres.

Toute mon énergie se déverse dans ces visions, l'anéantissement d'ennemis plus nombreux, plus violents suivant le mode usuel des missions de tir à la première personne : Progression-Gratification-Erreur-Perte-Destruction-Dégénération.

Une voix synthétique transmet des informations dans mon casque, suivies d'une note stridente répétée comme une sirène d'alerte. Des déflagrations et des cris semblent résonner sous l'eau, au-delà des ombres dessinées par les infinités d'étoiles fuyant notre système, variation perpétuelle sans mémoire se prolongeant à des milliards d'années-lumière.

La sensation d'enveloppement, la pression de l'univers guerrier, les enchaînements d'*Alien-NEW GUNS* sont excellents. Les mouvements d'ascension et de chute, la pénétration d'images instables dans la géométrie fractale mobilisent tous les affects. Gagner. Perdre. Gagner. Dominer des centaines d'Aliens, condamner leur évolution survenant par ruptures, leurs mutations sexuelles imposant une supériorité absolue des super-femelles sur les mâles.

Dans un flot de lumière éblouissante, l'une des créatures déroule sa membrane hors du labyrinthe d'acier. Elle fait volte-face, me percute. Je m'effondre, je me relève, atteint au bras, couvert de sang et de poussière. Je tire devant moi pour vérifier l'état de mon arme. Je reprends ma course et traverse, sans opposition, un plan de réacteurs nucléaires.

Le niveau 3 commence dans une galerie d'arches constituées de millions de LED. Le dispositif électronique ne reconnaît pas ma voix. Je tire au centre du bouclier de sécurité. Le grand disque rouge s'ouvre. Des explosions désintègrent l'horizon en nappes azur, orange, rose, faisant apparaître dans le vide des étoiles de diamant.

Un courant d'air chaud traverse la cabine de l'avion. Je lève les yeux en diagonale dans le couloir. Le garçon sino-oriental obèse que j'ai remarqué plus tôt, couché dans la largeur d'un siège du bloc central, laisse tomber sa miniconsole. Il se redresse. Il crie plusieurs fois à l'intention des deux femmes qui l'accompagnent. Aucun passager du compartiment Economy ne réagit. Le garçon vacille, se retient à l'accoudoir de son fauteuil, le visage couvert de sueur et de larmes. Son sweat-shirt à capuchon est imprimé en miroir des mots *YOU ARE EVIL*.

Un avertissement résonne dans mon casque. Mon score intermédiaire s'affiche sur l'écran en grands chiffres digitaux jaune fluorescent. Je sens une présence physique derrière moi. En me tournant, je vois Hurley venue du compartiment Business. Elle fait une moue lorsqu'elle pose son regard sur l'ordinateur placé sur la tablette. Basculant la tête par-dessus mon siège, elle se penche, colle sa bouche sur la mienne, en force l'ouverture, plonge sa langue dans ma gorge. Ses cheveux sont défaits sur mon visage. Elle se détache et se redresse.

– Je reviens. Avec une surprise...

– Quand ?

– *Maintenant*.

Elle se dirige vers l'avant de la cabine en bougeant dans son jean noir.

Je relance la partie. Une animation met en scène des Aliens déchirant et décapitant leurs proies de leurs griffes acérées. Elle montre comment ils récupèrent leur énergie et leur injectent avec leur queue de scorpion des doses mortelles de venin. Dans la séquence suivante, leurs dents apparaissent en haut et en bas de l'écran pendant leurs attaques. Je peux riposter avec un lance-flammes et faire fondre les monstres comme de simples poupées de cire.

Une douleur traverse mon estomac. Je continue à progresser en défiant la concurrence par la mort, sans ralentir ou m'immobiliser dans les zones d'affrontement au risque de créer des ombres, de ne plus savoir si ce sont celles que projette mon corps ou celles d'autres entités vivantes.

Le vol American Airlines se poursuit sans être détourné sur New York, le Pentagone, le soleil. Comme un drone, le 787 continue de planer dans la nuit.

La Middle East Electronic Entertainment Expo d'Abu Dhabi était la deuxième mission extérieure qui m'avait été proposée par l'état-major depuis le début de mon engagement, dix-huit mois plus tôt, dans l'un des laboratoires de recherche avancée de la base de Creech, Nevada.

Le développement de la guerre électronique était devenu des millions de fois plus prometteur que la physique nucléaire ne l'avait jamais été avant et après Trinity, Hiroshima, Nagasaki. Dans cette nouvelle ère, je participais à l'une des périodes les plus spéciales de la domination technologique américaine. Une expérience partagée avec des milliers de militaires morts ou vivants, au-delà des règles de logique, au-delà des informations pouvant être intégrées aux systèmes d'analyse et de simulation.

L'US Air Force, la CIA, Boeing produisaient des milliers de drones inspirés des formes des bombardiers furtifs dont le prix dépassait l'équivalent de leur poids en or. Les raisonnements des stratèges exigeaient d'agir avec plus de rigueur, de manière plus brutale et radicale. J'avais recherché cette dynamique en quittant l'Industrie du divertissement soumise aux seuls impératifs de vitesse et de rentabilité. Si la destruction était une forme de consommation, les contraintes temporelles, physiques et psychologiques des combats réels ne pouvaient ni être exprimées ni ressenties dans les meilleurs jeux disponibles. Leurs concepteurs et les éditeurs dénaturaient la violence des engagements. Même dans la guerre de l'espace, dans les nouvelles dimensions de la guerre cybernétique, les logiciels militaires se distinguaient des manipulations et des émotions ludiques auxquelles la mort n'appartenait pas. Symbolisées, les satisfactions produites dans la réalité dessinaient un triangle noir dans un cercle blanc. Comme la pupille fissurée d'un oiseau.

En créant des modélisations graphiques pour des interfaces de simulation de vol et l'engagement, je contribuais à rendre un nombre croissant d'opérateurs de drones américains plus rapides, plus forts, plus résistants dans leurs interventions traversant toutes les frontières. Dans les déploiements de Predator, de Reaper, en Afghanistan, en Irak, au Pakistan, en Iran, au Yémen. En Somalie, en Libye, au Mexique. En Syrie. Sur les villes américaines.

Pour assurer un pourcentage de frappe proche de cent pour cent sur les objectifs cadrés dans les plaines désertes ou les agglomérations tribales ou urbaines modernes, les laboratoires de conceptions augmentaient en continu la densité des images intégrant des vidéos de combats réels. Ces programmes étaient destinés à des utilisateurs qui passaient plus de quinze heures par jour dans des salles de contrôle à distance.

Dans leurs différentes missions, les opérateurs les plus jeunes, âgés de seize à dix-huit ans, régnaient sans partage. Leur agressivité était une méditation, leur acuité un miracle. Toutes leurs capacités mentales utiles pour la conduite de ces opérations étaient plus adéquates et fiables que les estimations et les calculs des logiciels balistiques. Ils tuaient jour et nuit. Leur intelligence comportementale détectait la présence, les mouvements des entités vivantes, matérielles, virtuelles avec lesquelles ils engageaient ou clôturaient intuitivement des relations techniques et hiérarchiques. Leur succès n'influait pas sur leur humeur. Aucune récompense ou promesse ne provoquait chez eux une fraction de seconde de relâchement dans leur conduite de la guerre.

Les équipes de développement n'accédaient jamais aux centres de contrôle. Dans les flots d'images générées, adressées, reçues en retour pour corrections, il m'arrivait de ne plus savoir si j'entrais moi-même dans des combats réels. Ces instants étaient le moyen le plus excitant et hallucinant pour cesser de penser à soi, à sa vie, à celle des autres.

Les derniers systèmes de synchronisation permettaient de guider un drone par ondes cérébrales. Le véhicule aérien était un objet de synthèse relié au pilote, dont la cabine de guidage, emplie du liquide céphalorachidien, irriguait le cerveau. Il y avait fusion entre le drone et son pilote. L'étape suivante devait permettre de supprimer les émotions de l'opérateur en isolant totalement son esprit de son corps.

La puissance et les excès de confiance des armées de la nuit produisaient de nouvelles formes de traumatismes. Je voyais errer des chiens par millions. Ils étaient détruits. D'autres apparaissaient. La guerre tuait les chiens, l'infanterie de ligne, les enfants, l'estime de soi, les sentiments personnels. Depuis quelques semaines, je regrettais mon enrôlement. Je pensais à la mort dans le ciel, aux commandes d'un F-22 Raptor invisible lors d'un premier engagement tactique, à la mort sur les champs de bataille, dans la brume blanche et orange de la jungle, la neige, les bunkers. Je ne savais pas encore ce que j'attendais de moi.

Pour l'accomplissement de cette mission de trois jours aux Émirats arabes, j'avais collecté des renseignements, assisté à des démonstrations grandeur nature sur des stands du multiplex ou des aires d'exercice extérieures. Je m'étais entretenu avec des représentants de sociétés privées auxquels j'avais donné mes références. J'avais rencontré un cyborg anglais qui s'était doté de vingt sens supplémentaires. Il m'avait montré les marques des implants faits dans ses bras, en plusieurs points sur son crâne, ceux qu'il avait faits sur sa femme. Il attestait que leurs organismes avaient plus évolué en six mois qu'ils ne l'avaient fait pendant les millions d'années considérées par Darwin.

J'avais vu le président de la République islamique d'Iran couvrir de pétales de rose un drone bombardier décoré d'un slogan antisémite. J'avais parlé au fondateur de la société de sécurité militaire privée la plus efficace et la plus controversée au monde. Par le nombre et la force de ses positions stratégiques, par ses exactions, les assassinats perpétrés dans les déserts et les montagnes, sur les avenues de Bagdad, dans des villages fantômes où la vie recommençait. Blackwater avait absorbé deux milliards de dollars payés par l'Administration américaine. Son directeur, ancien Navy SEAL, était présent pour la création de sa nouvelle société. Comme la plupart de ses mercenaires, il ressemblait à Tyson à vingt ans, chrétien suprématiste. Son groupe sanguin et un lis étaient brodés sur son blazer. Il avait présenté son programme utilisant des drones Predator contre les leaders des réseaux affiliés à Al-Qaeda, contre des talibans et leurs alliés, et sur d'autres théâtres d'opération. Il avait une prédilection pour les images d'attaques nocturnes de missiles à guidage laser Paveway et Hellfire. L'explosion accidentelle d'une version évoluée d'un Shaheen-1 au-dessus d'Islamabad. Dernières vues de Téhéran transmises par un drone espion avant sa capture. Les images d'un GI de dix-huit ans, brutalement jeté à terre, les mains attachées dans le dos, sur lequel sept moudjahidin, visages voilés, hurlaient des slogans religieux, avant que leur chef décapite le soldat américain avec un couteau de boucher, brandisse et précipite sa tête dans la poussière.

J'avais remarqué que mon interlocuteur s'adressait aussi à deux officiers chinois en uniforme. Derrière eux, une fille blonde aux yeux sombres avait le regard fixé dans le mien. Elle s'était approchée avec les Chinois, glissant sur la droite de l'un d'eux. J'avais remercié l'ancien marine sollicité par les militaires asiatiques. Je lui avais dit que j'espérais le revoir aux États-Unis. Il avait épelé le nom de son quartier général, mentionné la date d'un événement. Je m'étais engagé dans l'allée des stands d'exposition. Dans mon dos, j'avais senti que la fille me suivait et qu'elle allait se porter à ma hauteur. Elle était déjà devant moi. Elle avait un corps de surfeuse, la peau dorée, mate. Elle s'était retournée.

– Hurley Johnson. Department of Programming and Graphic design for Games, SOLARSYSTEM Ltd.

Son visage et la photographie d'accréditation suspendue entre ses seins produisaient la même expression de force et d'instinct.

Je connaissais SOLARSYSTEM, société californienne rachetée quatre à cinq ans plus tôt par Rowse Enterprises. Référence en matière de mémoires holographiques, d'intelligence artificielle et du développement du graphène, en particulier pour l'équipement de robots de combats autonomes. Des engins que j'avais vus en démonstration à la base dans des scénarios d'exhibition spectaculaires.

Hurley avait observé ma réaction. Elle pouvait avoir remarqué que je connaissais David Rowse. Elle pouvait même savoir que j'avais participé à la création d'animations et de publicités pour des multinationales ou des sociétés de production multimédias dans lesquelles David investissait des millions de dollars.

Sans avoir eu de rapports personnels avec David Rowse, j'avais été invité à quelques fêtes données dans sa maison de Malibu ou dans la réplique du château d'Odescalchi construit au-delà des collines qu'il espérait un jour annexer à son empire. Pendant une visite de l'un des laboratoires, il m'avait conseillé de ne jamais accepter d'offre pour développer des programmes militaires. J'avais fait le contraire, mais j'étais convaincu que je devais suivre désormais son propre mode de pensée. Une figure évoluant en spirale qu'il laissait s'élever devant lui, dans laquelle il n'y avait jamais d'inversion et qu'il abandonnait simplement, à un instant donné.

Hurley n'avait pas fait référence à David. Elle voulait me parler d'un programme lié aux affaires militaires en rapport à mes propres compétences. Elle m'avait proposé de la rejoindre dans la nuit au bar de la terrasse sur le toit du Hilton Baynunah. J'avais accepté. Je m'étais gardé de lui dire que j'étais descendu dans le même hôtel.

J'avais hésité à appeler le numéro de Candy, l'assistante personnelle de David Rowse avec laquelle j'avais négocié des termes financiers. Je pensais le faire avec une carte à prépaiement de l'un des appareils installés en face d'un mur-aquarium rempli de magnifiques poissons jaunes et bleus. J'avais renoncé avant de connaître le but que poursuivait Hurley.

En attendant l'heure du rendez-vous, j'avais vu sur une chaîne arabe un visiteur oriental invité à la foire internationale. Il était filmé en vêtements de ville et turban, assis dans l'un des fauteuils en caoutchouc du stand sur lequel je me trouvais. Le siège paraissait très confortable, il tournait sur lui-même comme un pneu dans un jardin d'enfants ou une cage de zoo. Une séquence montrait le même homme avec un représentant de la scientologie, présente à Abu Dhabi pour pénétrer le front arabo-musulman. Les moyens de propagande de la secte étaient, comme toujours, parfaitement maîtrisés. Témoignages d'adeptes en polyphonie. Énoncé des stades et des capacités des personnes transformées en scientologues. Scène montrant le numéro un de l'organisation exécuter un salut militaire sur le pont d'un navire Sea Org. Deuxième plan dans lequel le numéro deux lui rend son salut, avant de prononcer le nom d'une actrice qui apparaît en personne. Elle porte un tailleur de cuir. D'une voix éraillée, avec un accent anglais distingué, elle dit pourquoi elle s'est ralliée à la doctrine, pourquoi il est nécessaire d'enfreindre les lois, d'être prêt à tout pour libérer son esprit en participant à une opération d'envergure planétaire, pour assurer la survie de l'Humanité. Elle se métamorphose en licorne. Elle est remplacée par une femme arabe étendue sur une peau de guépard tachée de gouttes de sang, qui déclare voir des buissons ardents pousser dans le désert. Elle dit que la séquestration imposée par son mari pendant une durée qu'il lui était impossible d'estimer avait pris fin grâce à l'Église. Grâce au Bureau des Affaires spéciales. Grâce aux soldats et thétans opérants de Clearwater, Tampa et Deathstar.

THE WAY TO HAPPINESS
CRIMINON. NARCONON. NECRONOMICON
EARTH & BEYOND. DIGITAL REALITY. FREEDOM MAGAZINE

Cette séquence m'avait fait prendre conscience que je me trouvais, pour la première fois physiquement, à proximité des zones sur lesquelles s'était déroulée la majorité des interventions aériennes récentes auxquelles les forces américaines avaient participé. En l'écoutant parler de sa vie, de son culte, je voyais des bombes larguées par les drones qui volaient très haut mais restaient visibles pour terrifier leurs CIBLES. Les oiseaux tournaient dans le ciel, puis ils passaient à l'offensive. Leurs victimes faisaient rarement l'objet de communiqués. Deux minutes après l'explosion des bombes, les survivants indigènes qui en avaient les moyens technologiques commençaient à photographier les impacts et postaient leurs images sur un blog ou les sites d'organisations humanitaires.

Les yeux ouverts, fixant le plafond de ma chambre d'hôtel, je distinguais des drones espions de la taille d'un cerveau d'oiseau ou d'un papillon détournés par des insurgés au moyen d'un ordinateur personnel. Il me semblait voir voler au-dessus de moi l'armada de drones, désormais plus nombreux que les avions au sein de la flotte américaine et totalement acceptés par l'opinion publique.

La discipline militaire avait transformé mon métabolisme en métabolisme de guerre. Manger de la viande industrielle, me déchaîner avec des filles affamées, dormir, le corps imprégné par le sexe, l'odeur de chair animale, la nécessité de recommencer chaque semaine à une heure identique. Devenir insatiable. Devenir indestructible en renonçant au qat, à l'opium et à l'héroïne la plus pure de l'univers. Deux heures d'entraînement quotidien en salle de force. Art martiaux, full-contact.

Les systèmes graphiques de combat avaient pris le contrôle de mon esprit. Les méandres et les affluents de tous les fleuves réels ou imaginaires dessinaient de leur source à leur delta les mots *America is your girlfriend*. Éveillé, je méditais sur les drones transportant mon corps au sommet de la montagne des dieux. Je devenais un véhicule sans pilote humain au-dessus de la base dans laquelle je vivais depuis des mois. Un instant, le long du Tigre, dans un plan aérien, au-dessus de l'ambassade américaine fortifiée. Au-dessus d'une base sous-marine antarctique. Je devais changer de dimension. Je devais quitter l'armée pour échapper aux essaims de drones portés par des vaisseaux-ruches, forteresses volantes hypersoniques menant des attaques intercontinentales. Des engins destinés à devenir des armes tactiques pour – comme l'avait dit Hurley, beaucoup plus tard dans la nuit – conquérir d'autres systèmes solaires.

Pendant l'annonce du cockpit, l'avion vire sur l'aile gauche, effectue un mouvement nord-est puis corrige vers l'est. Un tangage fait remonter des milliards de gouttes d'eau condensées sur les bords du hublot, elles se perdent autour de l'appareil qui poursuit sa descente dans les nuages couvrant les complexes périphériques de LAX, les échangeurs des artères scintillantes. À l'instant où les roues touchent la piste, j'ai la prémonition que Hurley a disparu. Parce qu'elle m'a débauché pour cinquante mille dollars en conditionnant ce premier paiement à la réception d'un véhicule au port franc de l'aéroport. Pour le compte de David.

Les événements s'enchaînent de manière négative. Hurley doit être sortie avec les passagers de la classe affaires. Je ne la vois pas. Avant que je ne franchisse la passerelle de débarquement, un steward appelle mon nom. Deux agents fédéraux portant des brassards orange s'avancent vers moi. L'homme ne dit rien. La femme, qui tient une hyène en laisse, annonce une mesure de sécurité prise à l'égard des contractants en provenance de pays inscrits sur une liste sensible. Ses vêtements collent à son corps comme une combinaison de pilote de Mig. Elle me demande de lui remettre mon passeport et mon ordre militaire. La hyène qu'elle tient à son pied devient plus nerveuse à l'arrivée d'un véhicule électrique avancé pour nous prendre en charge. L'animal garde les yeux fixés sur moi lorsque la femme me fait signe de monter sur le kart, qui démarre aussitôt. Les mâchoires ouvertes, dressée sur ses pattes, la bête tire sur sa laisse pour nous suivre.

Le véhicule s'immobilise devant le carrousel de distribution qui commence à tourner. Je reconnais rapidement mon sac parmi d'autres bagages de soute. L'agent du FBI, qui tient son oreillette, me demande de récupérer toutes mes affaires avant d'enlever la montre que je porte au poignet droit. Il la prend et la glisse dans un sachet. J'imagine Hurley quittant l'aéroport en taxi. Je l'imagine se diriger, avec les personnes qui sont peut-être venues la chercher, vers le centre-ville, vers une autre destination.

Nous sortons de la salle des bagages et traversons une zone de transit déserte. L'agent fédéral me demande de m'arrêter devant un portique de sécurité. Un fonctionnaire vérifie mon passeport dans plusieurs bases de données, puis il le tend à l'officier. Une fille tousse à côté du scanner, assise sur le sol, décoiffée, abandonnée. Ses yeux sont fixés sur son Game Boy. Elle joue. Elle a peur. Elle porte des collants roses, un haut transparent collé sur sa poitrine. Son arcade sourcilière droite est percée d'anneaux argentés. Elle a été blessée au visage. Les ecchymoses n'ont pas été soignées. Elle lève la tête vers l'agent qui m'intime de l'ignorer et de marcher devant lui. Doigt d'honneur. La fille donne l'impression d'appartenir au contenu de Yu-No, un jeu construit comme un conte enchanté dans lequel l'héroïne recherche son père disparu, dans lequel elle est contrainte de passer d'un monde à un autre en risquant de provoquer, du début à la fin du processus, une dissociation de sa personnalité.

L'agent du FBI me fait signe de prendre une dizaine de marches étroites qui descendent en sous-sol. Nous suivons un couloir, passons devant des boxes fermés par des portes de verre dépoli empêchant de voir s'ils sont occupés. L'agent s'arrête, passe sa main sur un senseur. Il me demande de laisser mes bagages devant la porte du box, d'entrer et de m'asseoir en face d'une borne interactive. Avant de sortir, il ajoute qu'en l'absence de motif d'inculpation ou d'une appartenance à un réseau répertorié il n'y aura pas d'empreintes, pas de rapport. Comme si je n'étais jamais venu ici. Il me dévisage. D'une main, il soulève mon sac, de l'autre, il saisit la poignée de la mallette noire dans laquelle se trouve mon ordinateur. Il disparaît derrière la porte coulissante qui se referme.

Je remarque sur le sol un morceau de peau jaune-beige ressemblant à la mue d'un reptile. L'écran de la borne s'illumine de traits de couleur qui clignotent, ensemble, puis par intermittence, comme des éléments de Tetris.

Une voix de synthèse annonce le début de l'interrogatoire, me demande de répondre aux questions en appuyant sur les barres rouges ou vertes qui s'allument et s'éteignent plusieurs fois d'un bloc sur l'écran.

L'ordinateur procède à la vérification des références personnelles extraites de mon passeport. Il précise que mes réponses doivent être les plus claires et les plus conformes à la réalité pour que la procédure soit rapide et que les doutes ne s'additionnent pas en ma défaveur.

À cet instant, j'imagine que Hurley est elle-même soupçonnée d'avoir eu des contacts avec des personnes recherchées par les autorités. Dans sa chambre où nous avions passé la nuit, elle m'avait dit que son père était éleveur de chevaux. Il avait touché le fond, il s'était écroulé chez lui, dans son ranch de Telluride. Il avait eu un nouveau collapsus à Miami trois jours plus tard après avoir ignoré les consignes de son médecin. Hémorragie sur son smoking crème. Il avait perdu beaucoup de sang, malgré la trépanation. Il voyait la chambre de la clinique baignée d'une lumière poreuse.

Sa mère avait été l'un des dix mannequins suédois les mieux payés au monde. Elle lui parlait le moins possible.

Je voyais précisément Hurley dans sa chambre du Hilton sept étoiles, les trains d'ondes électroniques de la discothèque à ciel ouvert, les faisceaux laser qui transperçaient les corps des dizaines de filles et de garçons dansant autour de nous. Dans ces lueurs cosmiques, je distinguais le débardeur de Hurley, ses seins trempés de sueur. Ses hanches. Ses cheveux défaits sur son visage sursaturé du blanc épileptique des gyroscopes du light show. Dans cette lumière, et plus tard dans sa chambre, j'avais vu la symétrie typologique qui nous rapprochait. J'avais dit à Hurley que la femme qui m'avait donné la vie avait renoncé à ses études d'économie et quitté, dans la même nuit, Zurich et son fiancé chirurgien. Pour l'éternité. Son flair l'avait récompensée. Elle était devenue, quelques semaines après son arrivée sur le territoire américain, l'une des douze princesses *Playboy* de l'année 1984. Je n'avais jamais eu le poster de la playmate, le magazine et le reste du tirage entre les mains. Je n'avais pas cherché à voir les photos publiées en ligne. Mon livre préféré était un atlas astronomique imprimé en 1977. Mes chambres n'étaient jamais restées longtemps les mêmes. J'étais né deux mois avant le mariage de ma mère avec un homme chargé de l'ouverture de franchises Dodge.

Mon père avait promis un million de dollars à sa femme si elle refusait toutes les offres de l'Industrie. Elle avait refusé la sienne. Mon père aimait nager avec les loutres dans les lacs et les rivières des parcs nationaux. Les yeux des loutres irradiaient des couleurs qu'il était impossible d'observer ailleurs. Mon père m'avait initié au tir avec un Neostead sud-africain sur lequel était monté un silencieux pour surprendre les fantômes lorsqu'ils s'approchaient de nous.

Je n'avais jamais revu mon père après son départ. Je n'avais jamais essayé de le retrouver. Il avait disparu, aspiré dans le ciel, pénétrant l'éternité de galaxies infinies. J'avais suivi ma mère jusqu'au matin de mes seize ans. J'étais parti.

La première question concerne la durée de ma relation avec la femme en compagnie de laquelle j'ai procédé à mon enregistrement. J'imagine Hurley interrogée simultanément pour croiser nos réponses. La machine me demande si je connais Hurley depuis trois jours ou plus. Trois jours ou moins. Si j'ai fait sa connaissance dans les dernières quarante-huit heures. Sur le stand de SOLARSYSTEM. Dans les toilettes de la discothèque à l'hôtel. J'hésite une seconde. La question est répétée. Je réponds négativement. Pour les questions suivantes, je continue à toucher les barres rouges ou vertes.

– Vous avez l'intention de rejoindre votre base ?

– Directement ?

– En voiture ?

– Avez-vous eu des contacts avec des personnes pouvant représenter une menace terroriste, hommes, femmes, enfants ? Animal ? Objet ? Hardware ? Substances chimiques, solides, liquides, gazeuses ?

– Avec le personnel de l'hôtel, au-delà des rapports de service ?

– Vous connaissez les protocoles concernant les passagers et les modes de détection dans les aéroports ?

– Possédez-vous un objet, arme ou matériel électronique, ou une substance qui aurait appartenu à un tiers ?

L'écran s'éteint. La porte s'ouvre. L'agent fédéral me demande de me lever et de sortir. Il me rend mon passeport, mon sac et mon attaché-case. Son visage est impassible. Les lettres *A I V* sont tatouées au niveau de son artère jugulaire. Je prends mon sac. Je l'ouvre. Tout semble avoir été replacé après la fouille matérielle. Sans perdre de temps, je traverse le couloir emprunté plus tôt, monte les escaliers pour rejoindre le terminal. Il est encore tôt. Il y a des militaires en tenue de combat et des policiers en civil. Des clips publicitaires passent sur des écrans géants. Cafétérias, boutiques, parfums, éléphant-toboggan. Une immense fleur s'ouvre au-dessus de moi. La voûte centrale est incrustée de planètes, d'étoiles filantes, nouvelles étoiles tueuses, amas brillants, cristaux de glace, de milliards de points se précipitant hors du système solaire, accélérant à quatre cents millions d'années-lumière.

Je pense à Hurley. Je prends mon téléphone, mais je ne l'allume pas. Je connais les instructions concernant la voiture. Je continue vers le train monorail. Trois stations. Je descends dans le métro, longe un quai, prends un autre escalier. Une rame traverse la station sans s'arrêter. Je reviens une station en arrière en direction de l'aéroport.

En surface, je prends le premier taxi sur un mile et rejoins l'entrée du port franc dans la partie réservée aux véhicules civils.

Le site est protégé par des rouleaux de ronce concertina et des câbles suspendus aux miradors. Des sacs de sable sont placés à l'entrée devant les murs de béton précontraint. Un bureau est installé dans la tête d'un bombardier B-1 d'où il émane une odeur de vomi. Je présente ma carte d'identité. Un premier employé encode les données. Les veines de sa gorge sont saillantes, ses lèvres, grises, brûlées par la fumée. Il tient les documents de la voiture.

Un autre homme en chemise de cow-boy sort du bureau. Il serre sa gorge marquée par une greffe, crache aussi loin qu'il peut et me fait signe de monter derrière lui sur un quad. Il crie pendant que nous longeons des hangars. Il freine brutalement. Nous entrons dans la halle H Stage dans laquelle flottent des vapeurs de kérosène. L'employé du port franc s'immobilise devant un véhicule couvert d'une bâche. Il descend du quad, enlève aussitôt la bâche pour dévoiler la voiture noir mat placée sur une estrade de bois inclinée vers l'avant.

– Ford Falcon XB GT Interceptor, 351ci !

Je fais le tour du véhicule dont la partie supérieure du moteur émerge du capot. Très bas, le spoiler avant et les protections des phares ressemblent à ceux d'une motrice Amtrak. L'homme s'avance vers moi. Il pose sa main, paume en avant, sur ma poitrine. Comme si son bras était un ressort, il fait un pas. Il perd l'équilibre, les jambes raides. De l'autre main, mécaniquement, il me tend les documents. Il effleure la crosse de l'arme qu'il exhibe à la taille. Il fait référence au port franc qu'il appelle le camp, il fait référence à la loi, au nouvel ordre, aux voyageurs, aux fauves sacrés y pénétrant. Il désigne les deux longues cicatrices visibles sur son front. Il dit qu'il reste engagé. Il dit qu'il déteste le gospel, l'état de la Nation, les conducteurs de pick-up asiatiques, les dresseurs de chameaux, tous les ennemis de l'Empire, l'interminable suite de souvenirs des assauts qu'il a portés en terrain hostile. Premier déploiement. Deuxième déploiement. Montée en puissance. Goût de sang dans la bouche.

– Je hais ces salauds. Les milliards de Chinois qui nous bouffent la moelle. Je hais leurs corps malades marqués de lignes et de points. Kerbala. Fallujah. Mascarade de l'horreur. Je tuerai ceux qui méprisent le Messie et sa Résurrection. Parce qu'il est innocent. Parce que les soldats américains sont innocents. Grâce à leur force, grâce à Dieu, les enfants de l'ennemi ne s'en tireront pas comme ça. Même ceux qui ne disent rien. Même ceux qui chantent en se tenant par la main.

J'imagine l'employé disparaître dans un nuage de nitrogène, les yeux ouverts. Il a un sursaut, se tient la gorge. Il vomit.

Bien que leur conception paraisse ancienne, la carrosserie de la Ford et les parties en fibre de verre sont neuves. J'ouvre la portière. Je pose mon sac et mon attaché-case sur le siège passager. Je m'assieds dans le baquet. Le châssis et l'habitacle sont conçus pour résister aux chocs violents. Absence de témoin électronique, d'équipement audio. Je mets le contact, appuie sur l'accélérateur. Un cri rauque et profond résonne dans le hangar. Le V8 répond de manière dure et nerveuse comme celui d'un dragster qui bondit avant même d'être lâché.

J'enclenche la première vitesse. Une main sur le bord de la vitre latérale, son fusil à pompe braqué sur ma tête, l'employé crie d'une voix presque aphone : « *Neighborhood threat !* » pour m'avertir du risque de carjacking dans les environs immédiats du port franc. Je fais un signe de tête au contempteur de l'univers. J'avance dans le hangar, roule vers la sortie, enfin, je passe les deux grilles métalliques ouvertes par un homme armé. Je sors du camp.

Pendant dix minutes, tout ce qui s'est produit depuis l'atterrissage s'efface de ma mémoire. La Ford s'élève sur une voie d'accès. En contrebas de l'autoroute, sur la droite d'un long virage, j'aperçois deux voitures renversées sur le toit, des cascadeurs en combinaison pastel et une équipe de tournage. Un hélicoptère de la police passe au-dessus de l'autoroute et descend sur eux.

Un peu plus d'une heure après avoir quitté l'aéroport, à la hauteur de Carbon Beach, je dépasse un cabriolet sur le siège arrière duquel est dressée une CIBLE humaine. L'océan est agité par des vagues argent et violet. Des tourbillons de sable s'élèvent de la plage. Je quitte la route, je m'arrête pour faire le plein et acheter de l'eau.

À l'intérieur de la station-service, une fille en mini-short brandit un billet de cent dollars en insultant une caissière. Ses lèvres sont très maquillées. Ses cheveux décolorés en longues mèches claires tombent sur son visage dur. Elle porte des bagues aux mains comme des poings américains. Enfonçant ses talons dans le sol, elle sort de la station et se dirige vers la Lamborghini, les yeux pleins de haine. Je l'imagine avec différents objets dans la bouche, portant différentes tenues, à l'instant où elle démarre en soulevant de la poussière et disparaît dans un tunnel. Pas de sang, pas de débris sur les murs, mais la chienne fait éclater un orage hormonal dans mon corps. Je veux la rattraper, la soumettre pour lui ordonner d'enlever ses bagues. Arracher ses bagues, le souvenir de la jeune enseignante qui m'avait giflé, immobilisant mon pied avec le talon ferré de l'une de ses bottes. J'avais sept ans. Je l'attendais. Ses yeux étaient très sombres, ses cheveux noirs luisaient collés sur sa bouche, tombaient raides sur ses épaules et ses seins qui se soulevaient au rythme de sa respiration. Les pores ouverts de sa peau blême et moite. Parce qu'elle avait éprouvé de la satisfaction à se tenir debout devant la classe, devant moi, presque collé à son ventre, à voir mon arcade sourcilière se couvrir de sang.

J'avais redressé la tête. Sans ressentir aucune peur. J'avais rêvé de m'avancer vers cette femme qui m'avait humilié, de m'approcher en silence, sans lui parler, dans un plan filmé du bas vers le haut, se resserrant sur elle pour la toucher, la faire hurler de terreur.

J'avais attendu sept ans pour traverser trois États, faire des milliers de miles en train vers la demeure de l'enseignante, isolée en bordure de forêt. J'étais entré par le salon en cassant une fenêtre, j'avais enlevé les plus grands morceaux de verre restés dans le cadre de bois avec mes gants. Pendant vingt minutes, en respirant le parfum de cette femme dispersé partout, j'avais détruit tout ce que je pouvais détruire dans les rayons de lumière blanche qui scindaient les pièces. J'avais ouvert des bidons et aspergé de peinture acrylique des manteaux de fourrure, des guitares, des objets et des vêtements en laine, en peau, des agrandissements de photographies d'elle, de ses partenaires, de son dogue. Dans les odeurs de dispersion et d'encens, j'avais fait brûler un nid d'oiseau dont les flammes avaient dessiné des motifs psychédéliques. Je m'étais détaché. Armé d'une barre de fer, les muscles relâchés, je m'étais éloigné entre les bouleaux gris qui protégeaient la maison. Je transpirais dans l'air qui devenait humide. La violence avait détruit ma rage, mes sentiments.

Dans la station-service, la garce survoltée avait pénétré des zones sombres que mes activités militaires n'avaient jamais atteintes. Les seuls territoires de mon cerveau qui devenaient ou se révélaient personnels. Sanctuaire individuel, innervé de désespoir, de désir, de puissance physique. Volonté d'intervenir. Affirmation de sa force. Sentir la machine en soi. Profiter de ce que m'avait apporté l'armée. Initier le mouvement d'une guerre menée seul.

Au-delà de Pacific Coast Highway, je traverse le canyon, les collines de Santa Monica dans lesquelles tombent des pierres en forme de crâne. J'enclenche le turbocompresseur. L'accélération est immédiate, accompagnée d'un sifflement. Elle dépasse les facultés de mon cerveau à intégrer mes sensations et celles de la voiture. Le ciel s'enflamme, déchiré de traînées et rayures inégales, explosions solaires, dans lesquelles sont aspirés océans et continents. Avant que le château apparaisse enfin.

Je stoppe la voiture devant le grand portail doré et me dirige vers l'intercom en laissant tourner le moteur. Le gardien me demande de reprendre le volant et d'appliquer une procédure de point de contrôle en faisant trois appels de phares avant de passer la grille.

Rapidement, en entrant dans le domaine, la route traverse une jungle amazonienne dans laquelle chantent et crient des milliers d'oiseaux. Appels de scarabées invisibles, frottements de corps et de becs assourdissants. Les animaux se déplacent à travers les branches, les lianes, les troncs qui se rejoignent et se touchent jusqu'au ciel. Apparition d'œufs isolés, en grappes, dans la végétation tropicale, de fruits s'ouvrant dans l'obscurité, fleurs géantes, corolles, sur les berges d'un fleuve de cendres sacrées. Ruissellement d'une cascade. Or. Fusion.

Plus loin, au sortir de la forêt, une allée mène jusqu'au château qui reproduit à l'identique celui que David n'a pas réussi à acheter en Italie. Le château qu'il appelait sa prison. En avançant, j'ai l'impression d'entrer dans des jardins de pixels où apparaissent des singes nocturnes aux yeux lumineux, des couples de flamants roses, le marais qui se forme autour d'eux et disparaît, un cerf dévoré par des chiens. Univers dont la lumière révèle des floraisons expansives, un tyrannosaure en acier, des paons, des bassins remplis de poissons et de vierges. J'aperçois des lotus ouverts, des arbres renversés plongeant leurs racines dans les nuages, leurs feuilles se dépliant à vue d'œil. Monde dans lequel naissent des oiseaux bleus et des perroquets verts aux yeux rouges. Je ralentis, descends la fenêtre. Une vague d'air moite s'engouffre dans l'habitacle. Ces effets ne laissent plus, lorsque je parviens dans la cour, qu'une sensation de légèreté. Une brise tiède soulève la poussière en colonnes, jusqu'aux créneaux dessinés comme des dents par la main d'un enfant qui se serait aussi appliqué à colorier en gris les agents de sécurité présents devant le château.

Je prends mes bagages. Je sors de la voiture et monte les marches sur lesquelles est renversée une femme nue en marbre rouge. L'un des battants de la porte s'ouvre devant moi et je pénètre dans le hall. Je passe devant l'Oscar géant offert à David et reconnais le visage défiguré de son intendant. Il me dit que M. Rowse est impatient de conduire la voiture. Il me fait entrer dans la salle de bal.

David est debout, pieds nus sur les tapis superposés jonchés de fleurs. Il joue avec un iguane qu'il excite avec ses orteils. Il observe la fumée de son cigare qui transforme son reflet dans plusieurs grands miroirs anciens déposés contre les murs. Le plafond a été repeint, couvert de squelettes et de crânes humains dessinés d'un large trait blanc tremblé. Un trône, des fauteuils et un long canapé modernes, une table à pattes de griffon, un piano de concert bleu. Comme un chant funèbre, les sons d'instruments tibétains filtrent mystérieusement des murs.

David laisse l'iguane monter jusqu'à son genou, avant de le rejeter. Le reptile tombe sur le dos, se retourne et disparaît entre les battants de la porte. Le visage de David ne laisse voir aucune émotion. Il porte une fine barbe taillée. Ses épais cheveux gris-blanc sont rejetés derrière les oreilles. Il rallume son cigare et lève les yeux vers moi. Son regard est froid. J'essaie d'anticiper sa question sachant qu'il s'adresse généralement sur le mode interrogatif à ceux de ses interlocuteurs qui pèsent moins de treize milliards.

– Le jouet te plaît ? Les rois et les imbéciles finissent toujours, fatalement, par être séparés de leur fric, de leurs bijoux, de la reine et de leurs enfants. Ils prônent l'honnêteté, mais subissent les informations qu'ils donnent sur leur compte, leur propre hypocrisie et ils meurent.

– Révolution ?

– J'ai récupéré la voiture un jour avant la déclaration de faillite de la Mohammad Reza Chah Pahlavi Blue Foundation.

En prononçant ce nom, la voix de David devient triste.

– Le Shah ?

– Pas lui. Une organisation financée par l'un de ses fils légitimes, destinée à faire édifier des mosquées partout sur la côte Est dans les années 1990. Je n'ai pas payé un dollar. Les studios lui ont prêté beaucoup d'argent pour faire un film d'anticipation dans le bush australien. Rien n'a jamais vu le jour. La Ford est l'un des prototypes construits par la production.

– Et les imams ?

– La majorité des imams considère les voitures et le pétrole comme l'unique miracle des sociétés occidentales. L'interprétation du Coran permet aux musulmans d'en faire usage sans restriction. Au même titre que les armes, les montres, les bijoux et tous les objets disponibles lorsque les actions respectent la parole du Prophète. Ce que tu as fait en roulant jusqu'ici ?

David regarde les clés que je tiens dans la main. Il ouvre les siennes pour les recevoir. Je les lance. Il les soupèse et les examine rapidement.

– Tu as remarqué des arbres morts en traversant le parc, entre l'allée et les écuries ?

– Oui, les grands arbres noirs.

– Tu penses que je te pose cette question parce que je m'intéresse à l'idée que tu te fais de la flore de mon parc ?

– Non.

– Non ? Tu t'es naïvement enrôlé dans l'armée. Tu es entré dans un univers où l'horreur, l'Histoire, le jihad, la victoire ne signifient rien. En conduisant à tombeau ouvert jusqu'ici tu espérais que ta défection, dans ces conditions, était un droit naturel ne pouvant pas s'achever par la mort.

Le bruit d'une quinte de toux forcée provient de la porte restée ouverte. David se retourne. D'un mouvement de tête, il invite un garçon blond, bronzé, aux yeux bleus, à s'approcher de lui. L'adolescent s'avance en pelant une orange. Il porte une chemise et un pantalon d'équitation. Il est pieds nus. David lui parle à l'oreille. Lorsque le garçon tourne la tête dans ma direction, je remarque qu'il a la joue scarifiée. Il n'est pas intimidé. Il ne réagit pas au contact de la main posée dans le creux de son épaule. David le renvoie d'une claque sur les fesses. Il se tourne vers moi.

– Seize ans. Déjà riche. Déjà incapable de tenir vingt minutes dans une pièce. Déjà capable d'imaginer des galeries souterraines pharaoniques pour sa survie. Prenant ses désirs pour la réalité. Le prince de l'univers veut rester au château. Je vais l'envoyer comme servant de mitrailleuse sur une île du Pacifique. Tu t'amusais aussi avec des lance-roquettes dans le désert ?

– Seulement le pistolet et le M4 pendant les manœuvres.

– Tu vas attendre ici un instant. Candy va venir avec l'argent. Tu prends ton argent et tu gardes l'enveloppe qu'elle te donnera. Tu en prendras soin avant de la détruire. Elle contient le code à mémoriser pour entrer dans le système. Pour te permettre d'être actif jusqu'au terme de ta mission. Dans la vraie vie. Toutes tes données personnelles, ton identification morphologique seront modifiées. Je n'ai pas besoin de t'expliquer.

David se tourne et il sort sans rien ajouter.

Il réapparaît quelques secondes plus tard dans la cour. À travers les vitres, je le vois passer la main sur la calandre de la Ford. Il ouvre la porte, il se baisse et s'assied derrière le volant. Le moteur produit un son déchirant. David engage un rapport, le véhicule fait un bond vers l'avant. Dans un crissement de pneus, il transperce le nuage de poussière en tournant à cent quatre-vingts degrés vers l'allée qui traverse le domaine.

Candy est à côté de moi dans le salon. Son tailleur et ses chaussures rouge vif contrastent avec sa peau noire. Son parfum est surpuissant. Elle tient une longue enveloppe comme un éventail. Elle me la tend. Je la remercie, je déchire le rabat. Je compte cinquante mille dollars en liasse de cent, la somme indiquée par Hurley. L'enveloppe contient un code d'une dizaine de caractères imprimés à la manière de sceaux de certification. W564502246071. Je le mémorise. Je donne les documents de la voiture à Candy. Elle les vérifie. Sans poser de question, je prends mes affaires et me dirige vers la porte. Je traverse le vestibule, descends le large escalier extérieur.

David est revenu dans la cour. Il est immobile au volant de la Ford. Il me fait signe de venir m'asseoir à côté de lui.

– Le cheval se comporte comme s'il n'avait jamais été monté. Candy t'a donné l'enveloppe ?

Je confirme d'un hochement de tête.

– Dans les heures à venir, Hurley va t'inviter à te présenter au siège de SOLARSYSTEM. Seul. Tu seras mis en contact avec Vincent. Tu verras pourquoi et tu sauras comment agir, avec qui. Sa capacité de mouvement est limitée. Il ne quitte pas la tour. Il est très protégé, compulsif, dur, anal. Il est obsédé par l'ordre, le contrôle, l'autodiscipline. Tu seras indirectement assisté par Hurley. Elle sera dans la tour quand tu auras besoin d'elle. Dans une certaine mesure, tu pourras compter sur le jeune game designer avec lequel tu vas travailler. Un adolescent aussi dévoué que son état mental le lui permet. Tu respecteras la volonté de Vincent. Ses caprices. Son monde n'est pas virtuel. Avec les programmes informatiques, il crée des moyens destinés à transformer des anges en bêtes de combat. Des anges qui ont assez souffert pour ne plus se fixer de limites dans leur existence. Des innocents que les sensations physiques et psychologiques éprouvées transforment en meurtriers.

– Guerre des clones, enfants-robots ?

– Il a d'autres ambitions. C'est la raison de ton engagement. À un instant donné, tu détruiras le système opérationnel. Tu devras couper la queue de l'iguane assez haut pour qu'elle ne repousse jamais, pour qu'il en meure.

Sans expliciter l'ensemble de ces informations, David ajoute que Vincent a dépensé vingt millions de dollars au cours du dernier trimestre en cédant des actifs de SOLARSYSTEM. Il estime que ses agissements ne sont pas ceux d'un mâle alpha exprimant de front sa force et sa brutalité. Il prétend qu'ils sont plus subtils, que Vincent a réussi à faire hacker FINALWAR, un jeu en ligne gratuit développé par une autre société de Rowse Enterprises, lancé deux jours avant l'ouverture de la foire d'Abu Dhabi. Il précise que FINALWAR a été téléchargé trois millions de fois lors du premier jour d'exploitation. Je lui dis que je n'ai pas testé le jeu. Que j'ai vu de la publicité et entendu son nom mentionné dans des conversations, avant sa sortie. Je demande à David si le code source de FINALWAR a été piraté pour rendre le jeu accessible sans restriction. Il dément. Vincent utilise FINALWAR comme façade. Il sélectionne les meilleurs joueurs pour les capter, les faisant glisser par la fissure ouverte dans le code du programme original. Le système dans lequel ils opèrent les protège des contacts étrangers à leur mission. Il leur impose un entraînement complet, les préparant à commettre un massacre en tueurs aguerris. Ils ne ressentent aucune saturation. Ils ne se détournent pas. Ils ne cherchent pas des supports concurrents. Pas d'influence sur les segments mobiles ou sociaux. Ils restent captifs du nouveau jeu. Pour tuer.

– Tu découvriras son pays enchanté en jouant. Comment il augmente massivement les contraintes émotionnelles. Marketing, développement neurologique accéléré. Adhésion passive et active. Environnements extrêmes. Identités provisoires. Tu connais ces processus dans lesquels plus les forces dominent l'esprit, plus elles paraissent rationnelles au prédateur humain. En prenant un minimum de risques, tu devras atteindre le centre de contrôle pour le mettre hors d'usage. Sans te rendre invisible, sans te faire passer pour un autre dans les étages de la tour, au siège de SOLARSYSTEM.

Je demande à David si la tour est exclusivement occupée par les bureaux de sa société. Il hésite une seconde. Il affirme que les activités industrielles de SOLARSYSTEM sont basées dans Silicon Valley, que la société appartient à son groupe mais qu'elle est gérée par Vincent. Vincent qu'il avait rendu mondialement célèbre en le faisant jouer, dix ans plus tôt, dans les trois premières saisons d'une série télévisée et dans deux films qu'il avait produits. Vincent dont le talent, l'assurance et l'agressivité naturelle l'avaient imposé sans partage à tous les acteurs de sa génération, jusqu'à ce qu'il soit contraint de se soustraire, du jour au lendemain, aux recherches de la police, soupçonné d'avoir organisé et participé au viol, puis au meurtre de deux admiratrices mineures. Des filles qui ne se connaissaient pas avant la nuit de leur mort et portaient le même prénom. Aucune autorité judiciaire californienne ou agence privée n'avait jusqu'alors réussi à réunir des preuves susceptibles de faire condamner l'acteur. David ne s'était jamais exprimé publiquement sur cette affaire. Il s'était contenté d'assurer la retraite secrète de Vincent.

Le regard de David est fixé sur le volant. Il redresse la tête.

– Vincent agira par à-coups. Dans ce qu'il te demandera d'exécuter et contre toi s'il a le moindre doute. Il en aura. Mais tu élimineras la tumeur. Sans faux geste, sans exciter des meutes de chacals. Sans que Vincent puisse me voir dans tes yeux. Tu devras lui opposer des mouvements plus irrationnels que les siens sans qu'il comprenne que tu es entré dans son dispositif pour le détruire.

– S'il sort de la tour ? S'il disparaît ?

– Tu disparaîtras ! Comme les soldats sur lesquels il étend son contrôle en exploitant leurs rêves. Tu vas t'astreindre à suivre ses règles d'engagement. Elles sont simples. Faire en sorte que le tigre tombe sous les coups des chasseurs dont il a excité la haine. Pour les filles qu'il a trempées de sang sur Malibu et pour le monde entier, la peau de Vincent vaut une fortune. Des millions de femmes et d'admirateurs se vendraient pour la porter un soir sur leur corps, dit David en désignant d'un regard le taxi qui vient de s'arrêter dans la cour, à côté de la Ford. Tu sauras riposter. Je sais que tu as pratiqué le tir rapide. *Speed drill* 5-5-5. Je sais que tu traverses des murs de balles. Tu dois profiter de cette mise sous tension pour entrer dans la tour.

Je fais un mouvement de tête à l'intention de David et je sors de la voiture.

Le chauffeur du taxi n'a pas vingt ans. Ses yeux sont cachés par des lunettes de soleil aux verres rouge et bleu. Un autocollant placé à côté de sa licence l'autorise à porter un Piranha chargé pendant son service. La radio diffuse un requiem. Nous descendons la grande allée végétale. En baissant la vitre, je sens une pluie au goût de plomb rafraîchir l'atmosphère. Notre passage provoque l'envol des nuées d'oiseaux perchés dans les arbres, près du lac. Un éléphant barrit dans la forêt. L'écho de ce cri devient menaçant, plus étrange. Revient par saccades. L'averse prend fin à l'instant où nous quittons la propriété, alors que la grille se referme, brillant à travers la buée collée à la vitre.

Dans l'obscurité qui tombe rapidement, j'imagine David s'injecter une énorme dose de Cialis avant de retrouver Vincent. Je vois Vincent s'approcher de lui dans le rôle de jeune vampire prostitué qui l'avait rendu célèbre. Je vois l'icône universelle qu'il avait été pendant trois ans, avant que son nom disparaisse des médias. Vincent s'adressait désormais à une nouvelle génération à laquelle il avait commencé à transmettre différemment son énergie apollinienne. Le monde n'avait plus les yeux fixés sur lui, mais il induisait des effets réels irrésistibles. Sa menace était plus mobile, à la fois plus physique et plus virtuelle. J'étais attiré par son influence parce qu'elle provoquait de la peur, et le désir de tuer, même chez David.

Vincent disparaît de mon esprit devant l'étendue urbaine, les tornades d'air chaud déformant la nuit, les nuages de poussière déposés sur l'immense cimetière. Comme des lignes de phosphore enflammé tombant sur les chaînes de montagnes afghanes.

Je demande au chauffeur de prendre Sunset, de croiser Melrose en descendant sur Venice. Après quelques minutes, il s'arrête devant un *diner* préfabriqué et une citerne entourés de panneaux publicitaires et de cyprès. Il sort de la voiture dans une émanation de vapeur. Il revient avec des gobelets de café, des beignets. Il affirme qu'il y a des snipers dans cette zone, partie des bas-fonds qui dominent le monde et le regardent brûler. Il prétend connaître les tueurs aux mâchoires d'acier qui se nourrissent des porcs géants achetés ou volés dans les fermes. Les animaux qu'ils tuent à la massue, suspendus à des crocs de boucher avant de les faire griller sur des broches. Nuits de noces, orgies, pendant lesquelles les participants sont forcés de danser ivres, nus, transcendés par le son du métal. Bain de sang. Il dit qu'il admire les gens qui terminent ce qu'ils ont commencé. Les hommes au regard absent qui n'ont pas peur de la guerre. Il jette un coup d'œil dans le rétroviseur, attendant une réaction. Je lui fais signe d'avancer. Il prend un emballage de médicaments dans le boîtier qui sépare les sièges avant. Il avale plusieurs comprimés avec du café. Enfin, il remet le contact et démarre.

Le front de mer sur Muscle Beach est jonché de feuilles et de couronnes de palmiers. Le cadavre d'un chat sauvage est visible sur une bouche d'égout devant moi. Le squelette de l'ocelot se détache dans sa fourrure qui devient blanche et s'atrophie dans les projecteurs d'un hélicoptère. Proche et puissant, le bruit du rotor se délie en séquences mélodiques. Dernières convulsions. Dernier spasme. Bandes de sable déplacées par le vent au sommet de la dune sur laquelle brûle une immense croix.

Le Sweet Oblivion est illuminé par des écrans qui retransmettent un match de NHL et un combat de filles nues sur un ring couvert d'algues. Je commande une boisson isotonique, du calamar cru, un filet d'espadon au ginkgo. La barmaid, grande et mince, porte un stetson assorti à son pantalon de vinyle couvert de zips. Ses yeux sont attentifs au moindre frémissement, réagissent à tous les sons. Cinq shots de Skyy.

The Ocean Eyes Residence est un complexe formé de cinq cubes de béton traversés par une galerie centrale. Le management de l'hôtel est entièrement automatisé. Je paie en avance une nuit avec deux billets de cent dollars. Comme des milliers d'immeubles construits sur la faille de San Andreas, l'hôtel donne l'impression d'être posé en équilibre sur les deux lèvres collées au fond des abysses jusqu'au séisme qui engloutira la ville.

Le hall principal et les salles de réunion sont assiégés par une convention de furries. Des dizaines de lapins de peluche, d'Érinyes nées des gouttes de sang divines tombées sur terre, couvertes de fourrures, applaudissent, dansent, en file indienne, en groupe ou errent seules entre le hall, les couloirs et leurs chambres ouvertes. Les costumes rendent les anatomies humaines beaucoup plus grandes et allongées, les têtes disproportionnées, les mouvements incertains. Un léopard des neiges est étendu avec son dompteur. Avec deux bombes de peinture, un lièvre spraie la tête d'un lapin, teignant ses poils en bleu métallisé. Avec une bombe noire, il écrit sur la moquette en grandes lettres inégales : *PIGS I AM FAKING ! MARCH OF PIGS ! GRAFFITI MALE FANTAISIES !*

Il hurle :

– Loi du Seigneur ! Anéantir ceux qui me haïssent l'un après l'autre. L'un après l'autre !

Les murs de ma chambre sont peints en jaune vif et couverts sur leur tiers inférieur de plinthes d'aluminium. L'insonorisation est presque totale. Sur l'écran plat installé en hauteur face au lit, des chiens aboient dans la nuit. Un faisceau de lumière les surprend alors qu'ils lapent une flaque, avant de sauter par-dessus des grillages et de se lancer à la poursuite de mustangs. Les yeux des chevaux sont dilatés par la terreur. Leurs hennissements déchirants sont continus. Ils traversent plusieurs carrefours déserts avant d'être rejoints par d'autres chevaux qui se jettent contre eux. L'un des pur-sang est monté par un cow-boy dont les lentilles de vision infrarouge brillent comme les rétines des chevaux et des chiens enragés qui l'entourent. Dans un silence absolu, l'animal se cabre, se dresse sur les jambes arrière et fait chuter son cavalier. Il avance et l'attend plus loin. L'homme se relève, rejoint sa monture en vacillant, tend le bras contre sa tête et la tue d'une balle. L'étalon tombe sur ses jambes repliées, bascule sur le flanc. Automatiquement, une potence de métal sort de terre. Les chaînes des treuils sont tirées et retiennent le cow-boy, attaché au poteau. Les chiens le dévorent.

La salle de bains donne sur la chambre sans cloisonnement. Un grand flacon de parfum en forme de cœur coupé transversalement, laissant voir son jus, est placé au-dessus des lavabos. La température des carrés de céramique au sol est anormalement élevée et une odeur d'éther filtre par les fentes du système d'aération. J'entends les râles de furries mâles et femelles. D'autres font intrusion. Le silence redevient total.

Mon ordinateur et les objets inspectés à l'aéroport ne paraissent pas avoir été endommagés. Assis contre la tête de lit, j'adresse mes références à Hurley, puis je me connecte à FINALWAR, le jeu en ligne dans lequel David m'a demandé d'entrer le code confidentiel. Pour jouer, gagner et passer, à l'instar des WARRIORS sélectionnés, à travers la faille ouverte par Vincent.

Cinq bandes de progression. Trois minutes de téléchargement. Dans une lumière d'éclipse anxiogène apparaissent des guerriers adolescents dessinés en 3D. Beaucoup d'entre eux arborent, sur la tête, les membres ou leurs vêtements, des swastikas, des runes ou des symboles ésotériques. Corps musclés, sales, brûlés, blessés, visages barbares, cheveux longs, crânes rasés. La sonorisation intègre des morceaux de death metal comme *Bodies* utilisés par l'armée US pour sidérer les civils irakiens à grande échelle, pour les faire sortir des maisons, pour qu'ils se rendent, pour qu'ils meurent. Pendant les séances de torture et de crucifixions d'Abou

Ghraïb. Bruits de bottes rythmés sur le sol, visages jaunes ou turquoise de suppliciés déterrés.

Chaque joueur de FINALWAR choisit un kill team, alliance de WARRIORS civils, militaires ou mixtes auquel il s'identifie. Avec lequel il va se battre contre d'autres groupes. Les meilleurs WARRIORS sont destinés à devenir des héros au sein de leur kill team. Tous les kill teams sont destinés à détruire d'autres groupes, dans une succession de tableaux, d'environnements dans lesquels les WARRIORS doivent rester en vie et marquer des points.

Le WARRIOR avance en transmettant les images, comme si ses yeux étaient des caméras filmant ses bras et l'action progressant devant lui. Pendant les premières minutes, il erre dans le décor, cherchant à se structurer pour acquérir son identité, pour supprimer l'inhibition de sa cruauté. Le WARRIOR fait l'expérience du mimétisme et de la force collective qui régit tous les aspects du combat. Il est livré à l'arbitraire, à l'obligation de disputer et de conquérir, avec les membres de son kill team, de nouveaux horizons de richesses, territoires, matières premières, armes, gibier, partenaires sexuels, pour imposer son pouvoir.

Le scénario de FINALWAR est simple, la conception dramatique minimale. Il consacre la guerre et les hordes sauvages comme une liberté, une forme ultime de valorisation et d'émancipation. Les issues ne sont pas exhaustivement fixées au début de la partie. Elles promettent une évolution dans l'univers du jeu et de ses composants. Rage au-delà de la peur, de l'oppression, de la dépendance. Combat pour survivre dans les ténèbres. Une fille grande et mince se tourne. Elle tire ses cheveux, dégage sa nuque marquée d'une grande rose noire. Un mantra s'affiche trois fois en surbrillance.

COMME LES JUIFS, LES ANIMAUX, LES CHRÉTIENS, TOUS LES ORGANISMES VIVANTS, LES PAYSAGES SONT INFLAMMABLES. ILS BRÛLENT

Le mantra est suivi de flashs et de zooms, impulsés par un rythme irrégulier ultrarapide. Montages de scènes simples et complexes, fragmentées, brefs tutoriels, énoncés sémantiques élémentaires. Dans une narration cohérente, universelle, le WARRIOR expose son état d'esprit, rappelle les objectifs matériels, politiques, religieux à atteindre. Pour dépasser ses limites en franchissant des niveaux de sensations, d'excitation. Le combat est un rush dans lequel il dépasse l'horreur et souffre jusqu'au point où il lui devient impossible d'apprécier toute autre forme de vie terrestre. Contrôle des émotions. Capacité à maintenir l'esprit sur l'objet à éliminer. Période. Pompéi. Seigneur habillé en femme, dégoulinant de sang. *Drunken Haze*. Soldats tombés dont on ne sait pas les noms.

YOU ARE FOCUSED
MONEY IS FLESH
YOU ARE THE X FACTOR

Une étoile rouge vif apparaît sur le fond de l'écran. Lorsque je l'effleure, elle est remplacée par une fille blanche caucasienne aux yeux de louve. Elle porte un débardeur déchiré aux ciseaux. Je touche son sein gauche qui s'allume, puis son sein droit. Elle se dénude comme si elle le faisait devant un miroir. Cadeau pour le WARRIOR mâle qui interagit avec le système. La fille caresse la chaîne dorée qu'elle porte autour du cou. Les pointes de ses seins scintillent comme des étoiles, identiques à l'icone utilisé pour l'activation.

La fille glisse, le dos collé contre un mur. Elle reste immobile pendant vingt secondes, les mains sur les cuisses. Elle épelle son nom, A-T-H-É-N-A, et relate les expériences qu'elle a eues avec des hommes et des femmes. Elle dit comment le sexe a tué la douleur qu'elle ressentait depuis la naissance. Elle recommande aux WARRIORS de confronter leur corps à d'autres corps humains, plus faibles ou plus puissants, pour les sentir à travers la chair et la douleur.

ATHÉNA écrase sa bouche contre l'écran, puis recule. Elle sourit. Des bagues dentaires brillent dans sa bouche. Une expression de terreur passe dans ses yeux. Le plan est resserré puis élargi, deux fois, de manière explosive. Elle s'injecte une dose d'hormones avant l'engagement. Elle répète les principes fondamentaux du jeu. Discipline. Domination physique. Obligation de pousser l'ennemi jusqu'au bout de sa logique. Le tuer sans l'aimer, sans le haïr. Didacticiel explicitant le déroulement des actions offensives conduites à la vitesse de la lumière. Localisation de l'objectif. Sentir l'arme contre soi, dans sa main, la passer dans l'autre main. Avancer dans le champ de tension. Attendre la CIBLE. Faire irruption. Tirer dans la tête. À genoux. À plat ventre. Debout.

INTO WAR
WE LINE UP
WE KILL THEM ALL

Avant la disparition du dernier mot sur la gauche de l'écran, un adolescent noir à la chevelure écarlate tombe sur ATHÉNA, ses longs bras ouverts sur elle. L'énergie cinétique augmente. Les yeux de l'agresseur n'expriment rien. Il emporte sa proie dans le ciel au-dessus du désert où est installée la scène principale. Silence. Éclair éblouissant. ATHÉNA se fait poignarder dans les airs, pluie de sang sur terre, son cœur extirpé se vide. Le champ s'élargit en plan aérien sur l'étendue de sable plongée dans la nuit. Les rafales de vent produites par le synthétiseur dégénèrent en échos suraigus. Larsen. Meutes de WARRIORS blessés, refusant l'abdication, pour lesquels les seuls parias sont les morts. Représentants de la mafia ukrainienne. Garçons et filles de seize ans qui tirent, par salves, dans la tête de leurs frères et sœurs parce qu'ils refusent leurs ordres. Simplement absorbés par des lignes verticales multicolores. Sur une falaise, deux filles très jeunes se donnent la main, se jettent dans le vide et traversent la surface de la mer déchaînée. Elles descendent dans les profondeurs des abysses, elles retrouvent, sans se revoir, la lumière du jour.

Le panoramique d'un champ de bataille se poursuit en plongée, montre des WARRIORS exténués, prostrés, ayant perdu leurs armes ou ne pouvant plus les utiliser. Yeux cernés, bouche détruite, regard inexistant. Abandon hypnotique à l'autorité. Manifestation d'émotions. Sentiment du devoir accompli, influence du spectacle, transgression.

Tous les procédés numériques de FINALWAR sont utilisés dans les campagnes de recrutement militaires. *Americasarmy.com, airforce.com, marines.mil,* et les sites équivalents. Ils ressemblent aux modèles d'endoctrinement et de monitoring développés par la CIA.

J'avance dans la nuit rouge sang. En WARRIOR. Je porte un pull et un pantalon militaires noirs. Citoyen américain, je fais partie d'un groupe de dissidents ayant rejoint l'armée d'un seigneur de guerre afghan. Je suis doté d'un M4 standard et de grenades. D'autres WARRIORS ont revêtu des treillis camouflage ACU Patterns ou portent simplement des jeans, bombers, des vestes en cuir, blousons de sport, sweat-shirts à capuche. La bannière étoilée claque sur une hampe flexible, ses bandes blanches sont déchirées en lanières, les étoiles illuminées en transparence de manière aveuglante par le soleil.

Successions d'explosions et de collisions. Les déplacements des combattants se font sur des 4 × 4 et des pick-up. Des Apache saoudiens descendent sur nous. Je tire jusqu'à ce qu'il n'y ait plus de personnages secondaires ou d'engins dans le champ. Un drone passe au-dessus des tranchées, fosses couvertes de blasons honorifiques et de drapeaux trempés de sang. Travelling sur un homme nu, retenant dans la main la balle en or qui l'a touché. Une WARRIOR pachtoune s'avance vers lui en rampant, elle se redresse pour prendre sa tête, la tourne vers La Mecque et l'égorge.

De nouveaux éclats lumineux enveloppent des corps de plus en plus jeunes, couverts de maquillage, des visages brûlés. Blessés, morts vivants, créatures acéphales. Des WARRIORS associent leur violence physique à l'intelligence de leur conduite pour progresser vers l'éveil sensoriel et mental.

Je traverse d'autres scènes de défaite et d'apathie dans lesquelles ne restent plus que des reines et des princes, morts dans la nuit, dépouillés de leurs éperons et de leurs couronnes.

Je suis couché sur le lit de ma chambre au deuxième étage de l'Ocean Eyes Residence. Après deux heures de jeu, les mouvements de mes doigts sur le clavier sont moins rapides. Je ressens une crispation dans l'avant-bras droit, au sommet de la nuque, une douleur au niveau des lobes frontaux. Mon score et les bonus flashent au centre de l'écran. Je fais partie des trois mille WARRIORS qualifiés pour leur engagement et leurs succès au combat dans FINALWAR.

Conformément à ce que m'a annoncé David, je joue sans courir le risque d'être identifié en utilisant le code et le pseudonyme transmis par Candy.

Dans l'extension imposée en aveugle, chaque WARRIOR repart de zéro. Il désigne une CIBLE personnelle, sans restriction, sans limite d'âge, choisit une ou plusieurs armes réelles, maniables, précises et des munitions pour l'éliminer. Les runs d'entraînement deviennent plus concrets, le rythme des enchaînements plus rapide et contraignant. Le WARRIOR définit son ACTE. Dans les termes les plus complets et détaillés, il entre dans le système les éléments-clés de son mode opératoire : arme accessible, contexte et itinéraire connus, ligne temporelle vers la CIBLE, neutralisation, position de tir pour son exécution, voie de dégagement rapide et sûre pour quitter le secteur. Pour développer la lucidité, l'adresse et la force nécessaires à la réalisation de son ACTE, à sa survie, après sa réalisation. Réaction à la peur, à la tension, à l'agression.

Le monitoring permet au WARRIOR de stimuler et visionner son attaque. La zone d'intervention est conceptualisée de manière simplifiée dans la géométrie d'un cube. Dans chaque run de cinq minutes, l'ACTE est corrigé et optimisé par le logiciel, réactualisé par l'intégration de nouveaux paramètres déterminants. Le WARRIOR s'entraîne à résoudre des problèmes tactiques plus complexes, à exécuter des gestes plus rapides, inattendus. L'évaluation de son niveau d'attention, de sa concentration, de l'anticipation des mouvements dans les confrontations l'incite à assurer la plus froide et brutale exécution de son ACTE.

Le système rappelle que les pensées créatrices et les exercices ne remplacent pas l'épreuve de la réalité. Il répète que la sélection définitive se fera sur le terrain, lors de l'attaque. Pour marquer cette différence, stimuler l'audace, favoriser la patience et le calme, le maniement des armes se fait, dès que possible, face à l'écran en captant les mouvements. Chaque run contraint les WARRIORS à s'adapter au durcissement de l'affrontement, à augmenter leur efficacité sans affirmer leur victoire. La mort de la CIBLE est considérée comme énergie positive. Elle doit permettre aux WARRIORS de poursuivre leur ACTE au-delà de la scène criminelle, en détruisant rapidement les obstacles et en évitant les interférences.

Les WARRIORS reconnaissent leur CIBLE en regardant son cœur, en sentant le poison qu'elle injecte dans leurs veines, les marques laissées sur leur visage, le flux vital dont il prive leur corps. La CIBLE identifiée est une personne qui a eu ou a encore des comportements négatifs et abusifs à l'égard du joueur. Si la CIBLE n'est pas l'auteur avéré des dommages, un objet de substitution peut être validé par le système. Le mécanisme de vengeance préconisé doit être exprimé et réalisé dans les mêmes conditions.

Les faits subis par les WARRIORS sont le rejet ou les comportements irresponsables. Humiliation, harcèlement, contrainte, viol, inceste. Censure, exploitation, prostitution, privations, détention, coercition, discrimination. Esclavage, strangulation. Rites sacrificiels. Sortilège. Les excuses, l'existence ou l'absence de regrets ou de sentiments de culpabilité chez la CIBLE ne doivent avoir aucune incidence sur la décision de se faire justice.

Le système demande de prendre rapidement possession de l'arme ou des armes nécessaires à l'accomplissement de l'ACTE. Il indique qu'elles sont, dans la réalité, beaucoup plus disponibles qu'elles ne le paraissent *a priori*. Il rappelle que les armes ne sont jamais magiques mais qu'elles induisent un sentiment de puissance physique, qu'elles éveilleront l'instinct et la vision du tueur. Préférence pour les armes automatiques et semi-automatiques de grandes marques, efficaces, légères, maniables, aisément dissimulables, équipées d'un silencieux. Munitions correspondantes. Par défaut, toute arme blanche ou laser permettant de tuer de manière soudaine et autoritaire. Minimum de mouvements exécutés en un minimum de temps. Détruire la conscience de la CIBLE.

Les ACTES des WARRIORS sont planifiés pour être commis de manière synchrone ou légèrement déphasée sur deux fuseaux horaires, à six et sept heures du matin, cinq jours plus tard, le 31 octobre, au matin d'Halloween. L'opération est prévue pour profiter de la communion avec les morts, de la confusion causée par les costumes, les cris et les explosions de pétards. Jaillir de la nuit. Tuer en mémoire des âmes ayant perdu leur emprise matérielle, en mémoire de celles qui sont prêtes à reprendre possession de la terre. Esprits des guerriers morts. Rires d'enfants *In True Blood*. *Blair Witch*. *Agnosia*. Dans les salles des urgences pédiatriques. *The Orphanage. New Religion. For the Blood is the Life. The Dead Smile. Dead Island. The Upper Berth. Screaming Skulls.*

J'invente ma stratégie, mes déplacements, me projetant pour tuer Vincent au cœur de SOLARSYSTEM.

Toutes les références, toutes les instructions s'affichent de gauche à droite en bandes rouge clair, explicites, sur l'écran. Le score et les points de survie, latéralement, sur deux sticks analogiques. Le monitoring est doublé d'une voix synthétique masculine qui résonne avec un écho, comme une provocation, grave et dure. Le mentor critique les options et objectifs intermédiaires, les redéfinit afin de continuer à améliorer chaque phase, chaque détail de l'ACTE. Les animations permettent de vivre les séquences d'attaque en mode décomposé, accéléré, dépassant, dans certains aspects, les exigences de la réalité. Progression permanente faisant appel à toutes les ressources psycho-neurologiques nécessaires pour agir en quelques fractions de seconde, avec plus de sang-froid, plus d'autorité. Élaboration et dépassement des scénarios les plus défavorables, définition de plans de remplacement au même niveau. Puissance de feu, puissance de l'esprit pour éviter d'être gagné par la peur, pour se soustraire à l'emprise physique et psychologique de la CIBLE. Pour refuser les ripostes, éviter les fusillades.

Dissimulation, infiltration, ruse, effet de sidération. Imaginer un prétexte pour ne donner aucune chance à la CIBLE, l'attirer par une promesse, la toucher à l'instant et à l'endroit où elle s'y attend le moins. Surgir dans son rythme et ses habitudes de vie et frapper dans la nuit avant qu'elle ne s'aperçoive de la présence de son agresseur. Répondre aux mensonges par le sommeil éternel. Capacité à transférer la peur de manière toujours plus rapide et plus brutale dans la CIBLE. Sans la laisser s'agripper à son corps, sans laisser ses mains courir sur sa poitrine, sans se laisser aspirer dans la mort avec elle.

Accélération. Déplacement. Ordres de répétition des mouvements, déclenchements des réflexes. Gestion des passages à vide induits par le stress. Comportements discrets, alibis simples, plausibles, justifiant l'isolement temporaire du WARRIOR au sein de son entourage pendant ses runs solitaires. Intégration. Répétitions. Renonciation sans conditions aux objets susceptibles de transmettre des données à des fins de géolocalisation. Respecter ses habitudes sans rien montrer ou communiquer de son projet à des fans, des amis. Éviter les SMS. Twitter. Instagram. Tumblr. Confidences. Chats. Aucun comportement suspect, aucune référence aux armes, aux entraînements. Aucune distraction. Pas d'indulgence. Pas de mystère.

En permanence, le système évalue les menaces humaines et techniques susceptibles de survenir dans les itinéraires d'accès et les couloirs de fuite. Il impose une discipline absolue sur la scène du crime. Pour déstabiliser le WARRIOR, il renforce les données communiquées les plus intimes, décevantes, humiliantes, appartenant aux rapports entretenus avec la CIBLE. Parvenir directement dans sa proximité pour la surclasser. Donner au regard et à la concentration l'intensité qui détruit la CIBLE. Audace. Vision parfaite dans l'obscurité. Se faufiler. Vers l'avant. Accélérer. Gestion des risques dans l'accomplissement de l'ensemble des mouvements nécessaires à la destruction de la CIBLE. Crier comme une bête. Tomber sur sa proie. La bloquer. Profiter des impasses. Profiter de la peur causée par le guet-apens, l'absence de lumière, l'effet de surprise, l'angoisse de la confrontation. Profiter de la chance. Arrières. Annulation de la défensive. Annulation des réponses.

Le cadrage des images est très serré, mobile. Il polarise l'attention sur la violence des rushes, augmente le désir de plus de force physique, de puissance mentale. Recherche de sexe. Dominer sans restriction, accepter la violence comme norme.

Comme l'avait affirmé David, il est évident que le pouvoir d'immersion créé par les designers de SOLARSYSTEM est supérieur à celui du jeu original. Il est fluide, il accélère la circulation, les mutations. Nombre d'or. Force du dispositif. Aisance dans l'assimilation d'une nouvelle syntaxe. Vivant, plus vivant pour donner la mort.

DEATH RACE
SHOCK ATTACK TO OPEN YOUR HEART
EXPRESS YOURSELF IN BRIGHT VIOLENCE

Pour des motifs de sécurité et de confidentialité, le système répète que l'application ne s'étend qu'aux ordinateurs personnels connectés à l'exclusion des téléviseurs, des terminaux mobiles, des objets et des cartes électroniques. Les caméras vidéo intégrées transmettent mes expressions à la fonction de reconnaissance faciale. Toujours apparent sur la droite de l'écran, un carré représente la photographie d'identification obligatoire pour entrer dans le programme. L'ordinateur s'éteint de lui-même lorsque l'utilisateur sort du champ optique, si l'image transmise devient floue, perd ou modifie les caractères d'authentification. Après trois déconnexions automatiques, le statut de WARRIOR est révoqué, son profil archivé. Il est possible que des auteurs de scores très élevés, frustrés d'être exclus, puissent réengager une procédure complète, les algorithmes décidant de leur réadmission pour ne pas priver SOLARSYSTEM de leur potentiel.

EVERYBODY IS THREATENED
EVERY WARRIOR HAS A TARGET
EVERY WARRIOR HAS A MISSION

Les WARRIORS ne satisfaisant pas à ces exigences ne sont pas autorisés à poursuivre. Leurs profils sont exclus du système.

J'imagine les millions de victimes des industries de la mort, des armées, de la pornographie, dévastées par les drogues. Je vois les plus fortes et déterminées d'entre elles devenir des *overreachers,* tuer leur CIBLE, en face-à-face. Je vois leur fuite, je les vois en mouvement, courir dans l'aube des morts.

De nouvelles informations défilent sur l'écran pour augmenter l'agressivité. Injonctions répétées de manière brutale, lancinante, par blocs nominaux ou verbaux exprimant la linéarité des ACTES dans la dimension analogique qui doit rester illisible pour les tiers. Répétition d'ordres permanents influençant la conscience et la posture. Contact sans avertissement. Viser. Tirer à bout touchant. Reculer, avancer, viser la tête et le torse de la CIBLE. Détecter, repérer, identifier. Attendre. Surgir. Engagement. Prise d'étranglement. Bloquer. Stabiliser. Ouvrir le feu sur la CIBLE. Poids, décharge, recul de l'arme. ACTE décisif concentrant les tirs rapides sur la tête. Surmonter la puissance des détonations. Échos. Résonance. Défusion. Revirement. Quitter la scène sans regarder la CIBLE, sans se retourner. Indifférence aux cris, aux déflagrations. À la voix, au regard. Dominer les flots d'émotions, le vide. Le silence. Le parfum et la température de la victime. L'odeur de la poudre, de la chair brûlée, du sang. Conscience que les attaques ne sont jamais des ACTES grandioses. Lutter contre la pesanteur, la fatigue, la désinvolture, l'approximation et la facilité à l'instant zéro. Maîtriser la rétention du souffle pendant les huit à dix secondes des tirs répétés sur la CIBLE, tirs rapides avec une ou deux armes. Garder le contrôle de la situation, préserver et augmenter sa confiance en intimidant la CIBLE par son autorité. Éviter les ratés de l'équipement.

Prescriptions pour le choix des moyens utiles à la protection du WARRIOR. Réduction des possibilités d'identification lors de l'attaque. Matériel. Surplus militaire. Masque de peau ajusté, cagoule, déguisement anodin laissant les mouvements le plus libres possibles. Vêtements de ville pour favoriser la fuite, se fondre dans la foule. Passer à travers les gens. Tenir le choc, rentrer dans les murs. Absorber les coups, supporter les douleurs les plus insupportables. Se mettre hors d'atteinte. Vêtements de la police. Treillis camouflage. Filet sur la tête. Casque intégral de BMX ou de moto, lunettes de ski. Jeans et T-shirt. Transformer sa morphologie. Gants de cuir, en polyéthylène. Bottes, chaussures commando, Nike Air renforcées. Endosquelette. Masque de lutteur. Catwoman. *Hollow Men*. Hulk. Êtres sans visage. Star Trek. Pokemon. Prometheus. Masque contre les bombes d'autodéfense, toxines paralysantes, hallucinogènes, lacrymogènes. Myers. *Scream*. *Wolverine*. Dracula. Saba. Kamen Rider modifié par la chirurgie. Dr Moreau. *Cosplay*. Shrek. Flash mob. Kit médical. Atropine. *Fringe*. *Scarface*. *Dark Shadows*. *Hunger Games*. Capacité à devenir méconnaissable, effrayant. Devenir une nuit blanche, Anubis, dieu des Morts. Tromper le monde. Bannir l'alcool, les drogues et les médicaments causant l'indifférenciation et les sentiments de fusion totale. Être son propre test d'urine, devenir son bracelet électronique. Aucun indice. Aucun entraînement à balles réelles. Nier. Ne rien révéler à personne. Mentir aux psychiatres, aux représentants de l'ordre, aux juges, aux médias, aux parents. Regarder fixement leur visage. Changer d'identité. Effacer les séquelles. Devenir invincible. Allure. Transport des armes dans des sacs assortis à la tenue. Téléphones cellulaires et appareils électroniques impérativement éteints pendant l'ACTE et les jours de cavale. Plus longtemps. Les détruire, les jeter.

Les ondes lumineuses produisent un effet hypnotique, une fatigue oculaire, des engourdissements. Elles accroissent la plasticité cérébrale, facilitent l'affiliation, consolident la fidélité au programme, favorisent l'addiction et la motivation. En vérifiant constamment la pertinence technique de l'attaque, le système renforce les enjeux, élève le niveau des exigences, la puissance et le rythme de percussion dans l'affrontement. Provoque des explosions biochimiques internes. Doses de récompenses. Satisfaction. Sentir son corps devenir une arme.

NO FEAR
NO PITY
NO PAIN

En regardant ma montre, je m'aperçois que mon absence de la base de Creech sera constatée dans quelques minutes. Des recherches internes seront lancées. Selon la procédure usuelle, une heure plus tard, une demi-douzaine d'hommes en civil seront dispersés dans les clubs et les quartiers chauds en périphérie du camp, en plein désert. La police militaire sera avertie. Elle tentera de vérifier des adresses physiques et numériques identifiables, mes habitudes et les mouvements dans les aéroports. L'escadron de Vegas sera informé. Je ne bénéficierai d'aucune immunité.

Un violent bruit d'écrasement retentit dans la chambre, suivi d'un effondrement contre la porte. Je me lève, j'avance vers le mur. J'appuie l'oreille contre le bord du panneau. Un rire déchirant résonne dans le couloir, accompagné de tintements de clochettes. Je regarde par le judas. Je tourne le bouton. Dans l'interstice, j'aperçois un loup gris étendu sur la moquette. Une panthère se penche sur lui pour le relever. Le loup se tourne dans ma direction. Des plis de sa fourrure, il sort un Magnum .357 que je vois trop tard, à l'instant où il tire dans ma direction. La balle ricoche sur le montant de la porte que je claque, inspirant l'odeur de poudre dispersée en nuages de particules colorées. J'entends des furries passer dans le couloir, se jetant et rebondissant contre les murs.

Sur mon écran, le système continue d'améliorer la trame et le polygone de tir définissant l'ACTE. Répétition des séquences d'émulation, montrant des garçons et des filles obligés de supplier en enfant-doudou, de subir des échanges, des chantages affectifs, démembrés, opérés. Annulation. Sort vaudou, piñata, excision, rapt, réhabilitation. Obédiences spirituelles, religieuses. Rituels.

L'ÊTRE QUE TU AIMES TE FAIT PEUR. IL TE PARLE
AVOIR PLUSIEURS COUPS D'AVANCE
QUAND TU CROIS GAGNER ET COMMENCES À JOUER, TU AS PERDU

Les exigences augmentent. Elles contraignent le WARRIOR à utiliser les montées d'adrénaline, à développer plus de réflexes dans le cours d'événements aléatoires, lors de rencontres qui pourraient être fatales. Le système met en garde contre les personnes les plus proches, intimes, influentes, les plus dangereuses. Ne rien accepter d'elles, avancer, progresser pour être le plus fort, pour décharger la totalité de son énergie sur l'objectif, la CIBLE qui respire encore.

Les qualités de l'interface participent à la frustration de ne pouvoir détruire la CIBLE immédiatement, renforçant le désir d'en finir à tout prix. Dans chaque série d'attaques, le volume du signal auditif s'élève pour annoncer l'imminence du contact. Il dure jusqu'à ce que la CIBLE meure. Le son se transforme en un bourdonnement angoissant comparable aux dispositifs utilisés dans certains bombardements ou tirs de missiles à partir des drones.

L'univers des WARRIORS est personnel. Il est, en même temps, impersonnel. Il est logique, intelligent, plastique. Comme les deux tueurs en puissance de Littleton, Colorado, couvrant leurs corps de baisers dans une douche avant leur assaut, les couloirs, la cafétéria et la bibliothèque de Columbine. *Doom*. Comme leurs millions d'admirateurs exaltés par la pureté de leur ACTE. Parce que les martyrs éprouvaient plus de haine pour eux-mêmes qu'ils pouvaient en avoir pour leurs victimes, parce qu'il leur était plus simple de détruire le monde qui les vomissait que de l'intégrer. Parce que leur existence fantôme et suicidaire était destinée à accélérer l'extinction de l'espèce humaine.

David Rowse a laissé une note sur ma messagerie. Il est sorti de son royaume :

In love with my car. Conduit toute la nuit la voiture de course du bébé shah. La cavalerie tourne... Arrêté deux fois par la Highway Patrol. 0/000 d'alcool. Mach 3.

Sur ABC, la présentatrice annonce deux drames familiaux survenus dans la nuit. Un adolescent a tué son père et sa mère sans leur donner la moindre chance de survie. Le pistolet-mitrailleur muet dont il s'est servi a été retrouvé dans la maison. Sa provenance reste inconnue.

Je passe sur CBS pour vérifier l'importance de l'information. Un garçon est filmé la tête en bas. Plan final du spot publicitaire. Annonce en voix off pendant le jingle d'une édition spéciale. Résumé des mêmes faits par la journaliste à l'antenne. Les CIBLES sont un télé-néo-évangéliste de quarante-cinq ans et sa femme de quarante-deux ans, citoyens de Neverland, Californie. Le couple avait interdit à son fils unique, Pris, seize ans, de jouer à Cry13, considérant le jeu comme trop violent et sexuellement explicite. D'un commun accord, ils l'avaient confisqué. Quarante-huit heures plus tard, Pris avait invité ses parents à s'asseoir au salon devant lui. Il leur avait demandé de fermer les yeux. Il leur avait dit de prier pour recevoir la surprise qu'il souhaitait leur faire après sa mauvaise conduite. Les parents s'étaient assis sur le divan en se tenant par la main. Pris leur avait alors déclaré qu'il voulait les unir pour l'éternité devant lui. Il leur avait passé une paire de menottes et il avait tiré un coup dans la tête de son père et trois sur la tempe droite de sa mère. En se rendant à la police, il avait dit que sa vie était une blessure. Il avait entendu l'ordre d'exécuter ses parents. Parce qu'ils l'avaient forcé à découvrir son monde intérieur en le détournant de la réalité et de la société humaine. Parce que, en élevant constamment le niveau de discipline à son égard, ils l'avaient englouti. Ils étaient les monstres divins qu'il avait dû tuer pour commencer à vivre.

Le deuxième cas présenté à la télévision est celui d'Arnold S., quatorze ans, qui avait eu l'occasion de s'initier au tir dans le club auquel appartenait son père. Sur le stand, il avait tiré pour la première fois de vraies balles avec son Beretta 9 mm, un pistolet dont il était devenu fou dès qu'il l'avait eu dans les mains. Pour accéder à cette arme, Arnold avait décodé la combinaison à huit chiffres de l'armoire blindée dans laquelle étaient entreposées quinze armes et quatre mille six cents munitions. Beaucoup de WARRIORS qui amélioraient la réalisation de leur ACTE agissaient exactement comme Arnold. Ils intégraient les nouvelles statistiques affichées sur l'écran de leur ordinateur personnel et répétaient leur mission.

La présentatrice de CBS demande à sa collègue de rester en contact pour donner d'éventuelles précisions concernant l'arrestation de l'assassin. Par son attitude, elle donne l'impression d'inciter les enfants qui la voient à commettre d'autres crimes. Ses yeux exigent la mort. Elle dit que la violence transforme le monde. Les jeunes sont vifs, énervés, remuants. Ils constituent une menace à laquelle on ne sait pas répondre. Ils sont insolents. Leurs objectifs sont matériels et sexuels. L'argent, la technologie, les biens exotiques. Ou seulement la chair, seulement les drames pour se plonger dans les bains de sang. Seulement définir le profil des ennemis pour en faire des CIBLES légitimes. Accepter la revanche comme défoulement. La présentatrice affirme que la fiction et le journalisme se confondent comme la lune et le soleil lorsqu'ils s'alignent parfaitement. Une surface solaire est projetée sur un mur-écran dans le studio. Elle le regarde, se tourne à nouveau vers la caméra, effleure son oreille avec sa main, dit qu'elle apprend, à l'instant, qu'une mère de trente-six ans, divorcée, aurait tiré sur son fils de onze ans après l'avoir surpris dans son lit avec un homme. Selon les autorités, cet homme était son nouvel amant. Il avait quinze ans de moins qu'elle. La journaliste affirme que ce genre de scène est très rare. Elle rappelle qu'aucune cause n'est juste ou injuste, ni pendant la vie ni dans la mort.

Je passe sur *Primetime Live*, sur *NBC, Dateline*. *Public Eye. Newsworld, Passionate Eye. As It Happens. Rough Cuts. Inside Edition. Grace Under Fire. An Other Chance To Get It Right*. Je me lève. Je coupe le son de la télévision. Je vais prendre une bouteille d'eau dans le minibar rempli de confiseries couvertes de granules multicolores qui provoquent une explosion sucrée dans la bouche. Un instant, il me semble voir des WARRIORS se réunir en bandes, après leur ACTE, pillant des magasins, des armureries, portant des manteaux déchirés, des vêtements transformés en haillons. Prix du sang le plus rouge. Joyaux, trophées, diamants bruts, Krupp. Les WARRIORS doivent éviter d'éprouver la décompensation causée par la mort de leur CIBLE. En s'y préparant, en l'anticipant. Ils doivent être capables de lutter contre les sentiments profonds inversés devant le corps de la femme, leur mère, leur meilleur ami, qu'ils ont exécutés. Éviter le black-out provoqué par la mort recherchée, réussir à s'orienter sans perdre de temps. Refuser d'être rattrapé, de redevenir la victime de la CIBLE. Refuser d'être un enfant exécuté, suicidé, enveloppé dans un voile, les gencives gonflées, la peau brûlée, les yeux collés, diffusant une lumière bleue. Larmes avant la mort. Avancer. Tirer plusieurs fois à bout portant pour réaliser son rêve.

SHOOT. SCORE. SHOOT AGAIN
YOU HAVE TO SCORE
YOU ARE A GREAT WARRIOR

Dans la séquence suivante, une fille étreint un garçon couché dans une fourrure d'hermine. Ils sont frère et sœur d'esprit. Leur peau claire est couverte de légères taches de rousseur. Elle ouvre son manteau, elle exhibe trois pierres sur sa poitrine. Le garçon tient un sceptre qui s'enflamme comme une torche. La fille le prend dans sa bouche. Son visage est déformé par le feu. Le garçon renverse la fille, glisse et descend le long de son buste, de ses hanches, pose ses lèvres sur l'intérieur des cuisses. Il avance sa main, caresse la fille qui renverse la tête. Dans cette scène d'amour, le jeune prince est un contre-exemple. Dépourvu de sentiments de rage, mélancolique, il adore sa sœur comme son royaume perdu. Il fait des cauchemars. Il ne peut oublier ses larmes. Il veut donner la mort comme un cadeau, abandonner sa condition d'esclave en tuant son maître. Il ne venge personne. Il ne force personne à avouer. Il est condamné à l'errance, à la mort, sans espoir de fonder une nouvelle race, un nouvel ordre. Il tue des innocents. Il tue son cheval. Il cherche un cadavre exhumé, un crâne et des os parmi les tags, les écussons et les insignes royaux. Il ne voit que des croix, des madriers et des pilums.

DREAM BROTHER
MY KILLER
MY LOVER

Les sons, les contenus des images et des mantras permettent aux WARRIORS de sentir leurs tripes, leurs sphincters, leurs bras lorsqu'ils dégagent le cran de sécurité de leur arme et s'avancent en la tenant au poing, avant de vider leur chargeur dans la tête et la poitrine de leur CIBLE. Ils deviennent l'arme fatale. Par l'action. Le rythme nourrit la répétition des mantras.

Leur répétition affirme leur sens. L'effet fonctionne sur le corps comme le mépris sur une blessure. Les patterns chimiques de l'agressivité s'embrasent en eux comme les flammes existent dans le bois avant l'apparition du feu. Restitution du corps. Interconnexions des corps par la violence. L'intelligence. Stratégie de destruction.

Répétée sur l'écran jusqu'à la transmission de ma réponse affirmative, une phrase d'avertissement m'invite à quitter la résidence. Le système indique expressément les références du Magic Castle Hotel dans West Hollywood.

Il est presque une heure du matin. Je décide de suivre la consigne. Je rassemble mes affaires. Des cris, des rires et de la musique résonnent toujours dans le couloir principal. J'ouvre la porte. Cinq furries traînent le loup désarmé par les pieds, balançant sa tête ensanglantée au-dessus du sol. La caméra qu'il portait lorsqu'il avait tiré dans ma direction est toujours sanglée sur le haut de son torse. Plus loin dans la galerie couverte d'empreintes de pattes, un grand lapin rose menace une femme nue qui sort trempée des toilettes. Une créature tente de m'arracher mon sac, puis mon attaché-case. Elle rit en me regardant poursuivre vers le hall avant de rejoindre des singes albinos qui s'aspergent d'eau dans la fontaine intérieure. Le fursuit d'une femme est arraché devant moi par trois rats aux longs poils collés. Son corps est magnifique, ses dents, lorsqu'ils l'attaquent, se cassent et s'éparpillent comme les perles d'un collier pulvérisé.

Du perron de la résidence, je m'enfonce dans l'air poisseux. Je passe devant une Viper surbaissée de laquelle s'extrait un gorille de fourrure bleue. L'intégralité de la carrosserie est couverte d'une épaisse peluche tigrée. Le singe est accompagné d'une femme à la tête rasée. Elle n'est pas déguisée. Ses yeux sont déformés par la peur. Elle parvient à dire que sa fille de onze ans s'est perdue dans l'orgie. Elle veut la retrouver. Comme secouée d'électrochocs, elle hurle que sa fille voulait venir ici pour attendre le big bang et mourir. Un lion surgit devant la femme, plante ses griffes dans ses épaules, glisse sur une marche et déchire sa robe de haut en bas.

Je me dirige vers la plage. Les cris des goélands et d'autres oiseaux de mer retentissent plus dissonants d'instant en instant alors que j'avance sur les planches de la promenade. De petits ruisseaux d'écume gonflent sur le sable et disparaissent dans des orifices plus ou moins larges et visibles. Je dépasse la grande roue et les montagnes russes sur lesquelles, dans la demi-obscurité, il me semble apercevoir des formes humaines à l'intérieur des trains immobiles. *American babes, pets of the underworld,* en bikinis coupés dans des drapeaux américains. Éclats argent dans le ciel. WARRIORS s'avançant hors de la lumière pour accomplir leur vengeance. Animaux à la recherche du sang.

Je m'éloigne de la plage.

J'avance dans une rue déserte. La zone est constituée de buildings de dix ou quinze étages partiellement cachés par des échafaudages. Entre les sites de construction et les murailles électrifiées, couvertes d'antennes paraboliques, je longe un canal envahi d'immondices. Des chiens sauvages s'acharnent sur un clochard pris au piège. Odeur d'égout à ciel ouvert, monceaux d'ordures, d'excréments, incendies s'élevant en épaisses colonnes de fumée. Le Caire. Sadr City. Échos lointains d'une rafale d'arme automatique. Lumière dans laquelle j'aperçois, à travers une palissade, un enfant désarticulé sauter sur un trampoline. Le lampion qu'il a laissé s'échapper monte dans la nuit. Nécropole céleste.

Je marche depuis une heure. Je traverse Fantasia Avenue. Je désire acheter un costume d'Alien pour sentir sa masse. Devant moi, des blocs de projecteurs surpuissants éclairent des bulldozers, des camions et les centaines d'ouvriers travaillant sur le chantier du Paramount Concert Hall, désormais intégré aux bâtiments des services fiscaux. Au-delà des hauts brise-lames de béton qui les protègent, je distingue les animations défilant sur les écrans vidéo géants du centre commercial. Je traverse une esplanade sur laquelle jaillissent des colonnes d'eau. Le vent déporte les sons produits par les jets. Je m'arrête un peu plus loin devant une tête de poulet abandonnée sur l'une des marches du mémorial.

REICH TURNER EXXEN ASTON FAITH LILLIAN KIRSTEN SRE PEARL LYNDON LIPPARD ADDAMS TRICIA HAIG HORVITZ PRICE KLAUS CARR MACKINTOSH RHODES MILLER NEWTON RUMSFELD HALL SCHRODERRER KEITH KAREN SOFI MISCAVIGE WARNER CARDINGTON TODGER DIAMANDIS WALLACE IMAN GRAY RICE OSWALD HAYDEN PARSON MUDD PATTON KERCKHOPF STARZ REYNER BRAUN GORDON CASSIUS POWELL QUINN HETHERINGTON HIDDEN HOWARD SCARR HELLMAN NOLAN ARDEN MENTMORE IRVINE HAYNES CALL LENNOX LEVINE PATANJALI HUNTINGTON NEARY SLAUSON LAUREN SHERMAN WILLARD VAN HALEN MCCAIN WAYNE GERSTNER THERON HEADLEY HENNESSY BORG KNOX RICHARD LESTER DEPP ROTWANG VENTER MOSLEY WEBER CLINTON KOCH BURTON HATE CHRIS SLAUGHTER KRAFT IXIAN PARSONS PIERCE RATHBUN K'UNG FUTSE XENIA MICK BEEBE WHORE JOHNSON RA'S SCULLEY RAMSES AIA ROMNEY TATE STAR MILLS DENNER SATORI WARREN AHMANSON DAVIS ROTHENBERG NORMAN PALMER RIPLEY NOOMI LEAR JCVI-SYN1.0 RINDER OETKER LIGEIA NORQUIST REAGAN LORD VLADIMIR BRUCKHEIMER SHELLEY WEILAND LEE GONZALES KRISTEN ZO WHITECHAPEL LANDIS ELMER MAPPLETHORPE VADOR FILTH TOOLE POOR WOLFOWITZ BON SPARTACUS HAHN ANGUS HALSTON BREMER ERIN SHEENE TARGET JIZZUS DORSEY SYD HARRIMAN PHELPS LAWLESS CROWLEY TRENT VEEP NIELSEN TROY

Un escalator central me laisse devant l'entrée du Toys R Us au quatrième étage du centre commercial. Un sharpeï brûlé est couché près de son maître assis contre un pilier. Le garçon porte un pull en mailles de filet dont les manches extralongues couvrent les mains. Ses yeux sont gonflés, ses lèvres collées sur une sucette qu'il sort de sa bouche et donne à son chien. Il l'embrasse entre les oreilles comme s'il voulait boire son sang. Il lève la tête vers moi, crache sur le sol. En retroussant la lèvre supérieure, il dit :

– Je fais tout pour la drogue. Je donne de la haine et de l'amour aux gens qui me baisent. Toutes les combinaisons sont possibles. Je suis tactile. Mon escorte s'appelle Slayer. Il m'est apparu dans la vallée des chiens dans une atmosphère sombre, étrange, profonde. Comme lui.

Il embrasse la gueule du chien, la tenant dans ses mains, essayant d'introduire ses doigts entre ses mâchoires serrées. Il fixe le sol devant lui.

– C'est très simple ! T'es en manque ? Soit tu peux

baiser, soit tu ne peux pas. Exploits ? Soit tu peux payer, soit tu ne peux pas ! Avoir peur. Tuer. Payer. Slayer !

En prononçant le nom de son chien, le jeune punk met encore une fois la sucette dans la gueule de l'animal. De l'autre main, il griffe son genou à travers son jean. Un cilice est attaché sur sa cuisse droite. Il lève les yeux vers moi. Il comprend que je ne suis pas intéressé, il pointe un pouce vers le haut.

– Rentre-leur dedans, dévore tous ces robots sans leur accorder un instant de répit. Tu piges ? Tu sais comment ils disparaissent dans les décombres du système dont ils espèrent exploiter les ultimes ressources. Fais-les ramper, fais exploser leur cœur pour qu'ils n'aient plus la moindre chance d'inventer des mensonges. Tous les mensonges qu'ils se racontent au-delà de la richesse et de la mort ! Au-delà des compétences !

Il lèche la langue noire de son chien. Une fille assez grande, en pantalon moulant, cuissardes et veste rembourrée aux épaules, s'approche de lui et l'étrangle avec son écharpe. Elle se tourne vers moi.

– Si tu n'es pas intéressé par lui, par le chien ou par moi, tu peux continuer de rêver en t'offrant un cadeau. Regarde !

Elle se retourne et désigne un revolver géant exposé dans la vitrine du magasin. Un énorme Colt .45 est suspendu dans un décor western du magasin où une jeune employée est en train de replacer des flèches dans les corps d'Indiens en bois.

En avançant dans les rayons du secteur amusements, je trouve sans difficulté un Alien en taille adulte unique. La grande tête oblongue du monstre intersidéral est repliée sur la partie thoracique. La housse transparente qui protège le corps inanimé suspendu devant moi ressemble aux cocons de l'une des scènes supprimées dans la version originale du film. La créature donne l'impression de reculer lorsque je tends le bras pour la décrocher. Elle est lourde, renforcée par des tiges de carbone. Je déplie les deux éléments, tenant à hauteur de visage l'énorme gueule sertie de dents. Je passe les doigts sur les filaments du bec, examine la langue rétractable qui doit être fixée dans le port d'entrée buccal. Je suspends la tête à un crochet, saisis le plastron protoplasmique et laisse son dard se dérouler sur le sol. Le prix imprimé sur l'étiquette scellée à la housse est de cent soixante dollars.

En me dirigeant vers la sortie, je prends un sac de nylon sur un présentoir pour transporter le déguisement. Je m'avance vers une caissière qui porte un T-shirt au motif batik. Lorsqu'elle aperçoit le sac militaire, elle attire mon attention sur l'offre spéciale présentée en première page du prospectus du magasin. Elle pose un doigt sur la photographie d'un Beretta Riot-Gun équipé d'un chargeur de cinq balles. Elle dit que le modèle est en vente dans une version à crosse courte noir et argent convenant aux mains de petite ou moyenne taille. La fille sourit, précise qu'elle adore la détente souple à double action et qu'elle ne se prive pas de l'exploiter. Une heure de manipulation lui a suffi pour loger les cinq balles du chargeur dans une CIBLE à trente pas en cinq secondes. Vérifiant que personne ne vient vers sa caisse, elle dit qu'elle adore sentir les flots d'adrénaline traverser son corps et les battements précipités de son cœur qu'elle est incapable de contrôler. Remarquant une femme qui s'approche avec ses deux enfants trisomiques portant des coiffes d'Indiens, la fille fait une moue admirative.

– *Watch the Hot MILF !* Ma mère n'a jamais désiré me voir vivante. Elle n'a jamais su s'occuper de moi. Elle est flic. Et moi, je m'entraîne à buter les flics chaque fois qu'ils entrent dans mon champ de tir. Je suis implacable. Ils m'apprennent à ne pas me battre moi-même. Ils continuent de faire leur métier. Patrouille au milieu de la pègre. Institutions pour enfants délinquants. S'ils veulent faire les cons, qu'on les laisse faire les cons. Si Madonna veut se faire refaire la gueule, qu'on la laisse se faire refaire la gueule.

Pendant le trajet en taxi vers le Magic Castle, je vois défiler d'autres images d'Alien. En fermant les yeux, j'ai l'impression de revivre la scène du magasin, l'instant précis où je me suis trouvé face à la créature. Après m'avoir parlé de sa mère, la caissière avait ajouté qu'elle devinait mes intentions et qu'elle pouvait dire ce que j'allais faire avec le monstre. Parce que mes patterns mentaux correspondaient exactement aux caractéristiques temporelles. Parce que j'étais un condensateur de ce qui se produisait dans le monde. Je n'étais que cela. Le monstre venait à ma rencontre pour me permettre de progresser plus rapidement. La fille voulait imaginer d'autres histoires d'horreur. Comme moi, elle avait pensé emporter le suaire de caoutchouc pour être seule avec lui et faire l'expérience du guerrier de l'esprit. Tenter de s'accomplir dans l'Alien.

Le taxi s'immobilise au 7025 sur Franklin, au pied d'une colline. Le Magic Castle Hotel est un Marmont trois étoiles suspendu dans le vide de West Hollywood. Depuis le lobby, je remarque que la plupart des chambres donnent sur une piscine entourée de lauriers, de sycomores et d'étendards. Dans la nuit, un enfant se jette d'un balcon en criant, traverse la surface de l'eau, puis tout redevient calme.

Vêtu d'un frac rouge, le gardien regarde une course NASCAR. Il soulève son chapeau tube. Il me tend une clé, se contentant de lever un doigt en direction d'un étroit couloir qui mène vers les annexes.

La suite junior qui a été réservée se trouve dans l'un des pavillons construits parmi les eucalyptus. L'arrière du bâtiment donne sur un jacuzzi et une pagode. Comme ceux du bâtiment principal, les angles des murs capitonnés sont tous dessinés de manière irrégulière et les sols légèrement inclinés. La cuisine s'ouvre directement sur la chambre. Le lit double surélevé et l'épaisse moquette de laine créent une sensation de confinement. La suite domine la Magical Arts Academy, au-delà, sur les hauteurs, les lettres blanches illuminées, les reflets de Silver Lake et la voie lactée du quartier financier dans lequel j'imagine Hurley et Vincent.

En sortant de la douche, j'éteins toutes les lumières pour que la chambre ne reste éclairée que par la luminosité extérieure. Je prends les parties amorphes d'Alien et je les pose sur le lit. Le rythme de ma respiration s'accélère. Je glisse une main à l'intérieur de la gueule visqueuse marquée d'imperfections abrasives. Je repose la tête du monstre sur le lit. Je saisis et enfile la partie inférieure, remonte la fermeture Éclair arrière. Pendant les premières secondes, le caoutchouc se contracte sur le corps, compresse le sternum, produisant une sensation de chaleur. D'une profonde inspiration, je gonfle le volume de la poitrine. Je fais une dizaine de lentes respirations pour essayer de sentir Alien en moi, sentir les muscles de son abdomen se contracter avec les miens. Je prends sa tête sur le lit et je la passe comme une cagoule, tirant la peau noire de la base du crâne, ajustant les orifices autour des yeux. L'indentation compresse le menton et le cou. La partie frontale colle à l'épiderme du visage, provoque une sensation de succion et de crampes dans la nuque. Progressivement, le poids du masque, le centre de gravité de la créature prennent le contrôle de la respiration, de la pression artérielle. Je passe les griffes sur l'arête du bec renflé, tire sur le caoutchouc pour le distendre au niveau des narines. J'avance contre le mur, contre mon ombre grise démesurée. Des lignes de sueur coulent sur mes épaules, le long de mon dos. Je sens mes intestins, la nervure dorsale m'électriser, descendre du haut des omoplates jusqu'au scrotum. Mon cœur bat par à-coups. J'ai l'impression de m'élever dans la suite, qui s'ouvre et devient un espace infini. Mes pulsations diminuent. Elles semblent cesser. J'avance le long de la baie vitrée s'ouvrant sur le balcon. Je rallume les lumières dans la pièce. D'un geste violent, j'arrache la protubérance occipitale qui laisse des éraflures sur mon front.

Plus tard, dans mon sommeil, un flux d'ondes se déverse sur mon cerveau. Je rêve d'un garçon étreignant un loup marqué d'une tache rouge. Il pleure, pressant toujours plus fort l'animal contre sa poitrine. Il l'embrasse et l'étrangle. Leurs corps disparaissent dans une pluie de photons. Une fille vient vers moi. Elle s'arrête. Pâle, cheveux noirs, longues jambes, petits seins, bouche déformée par un rictus. Je sens sa sueur, son parfum, l'odeur de café et de nicotine. Elle retire la peau du loup tagué de rouge qu'elle porte sur ses épaules. Le rêve provoque un accroissement de conscience à l'égard de la CIBLE. J'avance vers Vincent. Deux points brillants apparaissent dans ses yeux. Je tire. Il s'effondre. Je me réveille.

Je garde les yeux fermés. Des WARRIORS glissent dans l'aube dorée. Ils accomplissent leur ACTE en se méfiant de leurs prédilections, en exploitant les préférences et les faiblesses de leur CIBLE. Ils fonctionnent de manière autonome, plus automatique, plus simple. Ils réussissent à profiter des contre-attaques, des frictions, du désordre, de la fluidité du combat. Ils tuent. Devenus plus malléables et plus forts, ils refusent d'être détruits par ceux qui les éblouissent, les haïssent, les attirent. Je sens la puissance de la communication produite par le réseau énergétique qui permet aux WARRIORS de sentir la présence des entités évoluant dans les mêmes types d'ondes. La relation subtile du nouveau système qui les transcende, qui transcende le temps, l'espace, leur lignage, au-delà de la mort.

Il est six heures du matin. Dans la demi-obscurité de la chambre, j'allume la télévision. La bande jaune d'un flash d'informations instantanées défile sur des images floues, prises avec un téléphone. Une fille de dix-huit ans a tué son père sans montrer aucun signe de pitié. Le meurtre est survenu dans le box d'un corral de Palm Springs où l'homme participait à une finale de rodéo gay. La fille est en fuite. Une seringue et plusieurs aiguilles hypodermiques emballées ou utilisées ont été trouvées dans le motor-home de la victime. Sur l'écran se succèdent des images de rodéo : chevaux blancs, hommes nus dans leurs pantalons à franges, shérif ivre, accidents survenus dans le public. Une photographie du père le montre en tenue d'apparat dévorant la bouche d'un autre marin sur un destrier à quai dans la baie de San Francisco. Un pistolet bleu métallisé AFC, sculpté de vagues et de motifs d'estampes, gravé sous la bouche, avait été trouvé sur la scène du crime, caché dans une veste de renard.

Je connecte mon ordinateur. L'écran se remplit de mots. Le programme de SOLARSYSTEM continue à mettre les WARRIORS sous tension. Camp d'entraînement interactif. Des mantras défilent en majuscules rouges sur un fond noir ou blanc incitant les joueurs à être réactifs au sein d'un univers plus vaste. En devenant imprévisibles, en vengeant leur âme et toutes les atteintes faites à leur corps. Vincent émancipe les WARRIORS. Pas besoin d'analyse. Pas besoin de réponse. Augmenter la puissance sans imaginer la souffrance de la CIBLE. La précipiter au sol. Peur de son propre échec. Être fort. Être dur. Devenir plus agressif.

Une heure après ma commande, le room-service apporte le steak et les thermos de thé. La fille qui laisse le plateau n'a pas dix-sept ans. L'expression dominante sur sa figure est celle d'un animal destiné à commettre les ACTES les plus violents. Elle remarque la peau noire visqueuse posée sur le lit. Je lui tends cinq dollars. Elle chiffonne le billet dans l'une des poches de son jean, se retourne, sort et disparaît dans le jardin.

La cuisson de la viande est parfaite.

À la télévision, un profileur de Chicago est l'invité de *DEADLINE ON !* Le Dr Russel est noir, jeune, ambitieux. Il porte une cravate moirée brodée d'une grande fleur rouge. La présentatrice vedette l'interroge sur la série de meurtres commis par des adolescents au cours des dernières heures. Elle rappelle qu'en principe quatre-vingts pour cent des crimes sont d'ordre sexuel. Elle demande à son invité s'il peut imaginer qu'il y ait de nouvelles victimes dans la journée.

Le médecin marque une pause avant de lui répondre.

Il ne s'adresse pas à l'audience, mais la considère de manière presque indolente. Il regarde la femme, il fait référence au lien avéré entre les fluctuations de l'enzyme MAO-A et l'agression chez les animaux et les humains. Dégradation de neurotransmetteurs, captation de la sérotonine, régulation de l'agressivité. Le scientifique se tait pendant deux secondes. La caméra se déplace sur le public à quatre-vingt-quinze pour cent féminin, cinquante pour cent *united colors,* trente pour cent obèse. Une bande écarlate flashe sur l'écran qui découvre le nom et le slogan de l'émission.

L'expert affirme qu'une faible activité enzymatique est souvent constatée chez les victimes de maltraitance. Il dit que l'incidence de ces troubles augmente. Il parle d'« enfants gris », faisant allusion à une version inhabituelle du gène D4DR. Il répète : agressivité, perte de contrôle, violence sans préparation, duels armés, viols collectifs, gangs. Dépression masquée sans tristesse. Crime. Suicide. Sexe conjugué à la violence. Préadolescents et adolescents réservant des surprises à la mesure de leur mythomanie. Pour exister, transformer leur rage, révéler la puissance idéale et les défauts de leur corps, ils inventent leur propre initiation. Ils ne font aucune différence entre les adultes, leurs parents, les animaux, les objets. Ils n'éprouvent aucune crainte, ils attaquent de sang-froid. Ils tuent ! Ils ne laissent paraître aucune réaction. Absence d'empathie, de sentiments de culpabilité. Le Dr Russel dit comment cette population se distingue par son intrépidité et son narcissisme. Destruction de la naïveté, destruction de l'aveuglement.

QI normal, indifférents aux punitions, très sensibles aux récompenses.

– Et alors ? demande l'animatrice super-star-diva. Comment anticiper ?

– La psychopathie est un problème émotionnel. Elle pousse rarement à un comportement antisocial si celui-ci ne présente pas d'intérêt flagrant. La mort des trois personnes auxquelles nous nous intéressons n'appartient pas à cette catégorie. Ces enfants tuent pour soulager leurs pulsions. Ils ne perdent pas la foi. Ils exigent une expiation. Ils atteignent leur but ! Ils sont très jeunes, peu éduqués, capables de frapper plus vite, plus fort que les adultes. Leur violence est corporelle, spontanée, explosive. Surtout chez les filles qui commettent des ACTES plus disruptifs, dont les gestes sont plus imprévisibles. Des sujets qui rêvent de détruire ou de se faire mal. Syndrome de la Belle au bois dormant qui ne dort plus...

– Merci, Dr Russel. Je voudrais vraiment que l'on comprenne que ces crimes sont des mystères. Les adolescents qui nous attaquent, nos enfants, attaquent en fait dès la naissance.

– C'est capital. Pour intervenir. Pour essayer de les prendre en main lorsqu'ils sont encore *latents*. J'ai étudié un cas dans lequel un adolescent expliquait comment il avait dépecé son père et son frère à coups de hache, avant de rejoindre sa petite amie et d'aller danser avec elle. Il l'embrassait et lui disait qu'il avait commis, une fois dans sa vie, un ACTE complètement absurde. La fille lui souriait, se collait à lui, le caressait et l'embrassait. Tout est très tendre entre eux, et lorsqu'il sent qu'elle est en parfaite résonance avec lui, il lui décrit tous les détails de ce qu'il a fait cinq heures auparavant. La fille n'avait pas appelé la police. Vous comprenez ce qui s'est produit ?

À cet instant, l'icone de l'une de mes messageries clignote sur l'écran de mon ordinateur. Un courrier adressé par les ressources humaines de SOLARSYSTEM me demande de me présenter dans la matinée déjà au siège de la société. J'attends vingt minutes avant d'envoyer une confirmation. Je passe sur une autre chaîne.

Les invités de *VANITV* discutent de la multiplication des agressions fétichistes à l'encontre des célébrités. Lindsay, une fille arrogante, très sexy, couverte de bijoux, relate les ACTES qu'elle a perpétrés dans le cadre de son *Freedom Celebrity Project*. Simplicité versus sophistication. Autonomie versus prétention. Humilité versus vanité.

Lindsay explique comment elle a volé, dans une villa de Beverly Hills, une robe de soirée et un sac en crocodile. Pour quelles raisons, instantanément, dans cette situation, elle avait senti que la robe de Paris, elle-même, désirait l'envelopper. Elle fait référence aux vêtements constitués des lambeaux de peau arrachés aux victimes d'Hannibal Lecter. Le rire de Lindsay est haut perché, ses lèvres magnifiques. Elle dit : « *Entrer dans cette maison était une performance totale. Mon premier vrai casting. Le seul jeu dans lequel je pouvais subir une élimination mortelle. Je me souviens...*

La porte est fermée à clé, je donne un coup de botte. Non ! Elle est ouverte et je suis dans la maison – une immense villa moderne blanche – où flotte une odeur très douce, très suave. Panic room. *Des centaines de lampes halogènes sont allumées dans les plafonds, les parquets, partout. J'avance dans les couloirs, j'entre dans les grandes chambres pleines d'ours et de bouledogues en peluche, de milliers de cadeaux, de flacons de parfum, de pantoufles de verre. Marlon, mon complice, reste enfermé dans les toilettes. Nous avions choisi cette* CIBLE *parce que Paris et sa mère sont les personnes les plus stupides au monde. Je ne suis pas une personne suppressive, je ne suis pas misogyne. J'aime le bonheur et je veux que la paix enveloppe toute la surface de la terre. À cet instant, j'ai senti que la mission avait réussi. J'ai crié à Marlon : "Foutons le camp d'ici !" C'était chacun pour soi. J'étais totalement envahie par un sentiment de puissance et de bonheur illimités. Et puis, je ne sais pas comment, Paris était devant nous, vêtue d'un long manteau de zibeline blanche, et j'ai tiré deux fois dans la tête, les bras tendus. Ce n'était pas une embuscade. C'était un* ACTE *de l'esprit focalisé sur un objet. Un objet réel dans une vie magique. En tirant, j'avais l'impression qu'elle passait son bras autour de ma gorge dans un superralenti et qu'elle m'étranglait pour sentir mon corps et ma vie en mourant. Elle s'est effondrée à mes pieds. Je maintenais mon esprit dirigé sur elle. Je serrais la crosse de mon arme. Je sentais le sang, la sueur, sa respiration sur mon visage. Un mélange de menthol et d'alcool. La sensation très réelle d'une lame de rasoir qui passe sur ma gorge, sur mes poignets, mon ventre. D'une autre personne qui remplace Paris et m'écrase la tête contre le mur. Un deuxième policier m'a chargée et plaquée contre le mur. En regardant les images, je vois à quel point, morte, Paris paraît soudainement belle, étendue dans les ruisseaux de sang qui coulait de sa tête. Je voulais l'embrasser sur la bouche pour qu'elle devienne encore plus sublime, je voulais essayer d'arracher une de ses boucles d'oreilles. Le flic disait : "J'aime ton accélération, j'aime ta vitesse, j'aime ton chaos, j'aime que tu brûles, je vais te traverser la tête comme le monde, asperger ton sang sur mon visage... Anarchie, bla-bla..." Il le faisait exprès. Pour m'avoir. Il a reculé et il a tiré sept éclairs au niveau de mes seins avec son taser. Les décharges électriques étaient très douloureuses, je suis tombée en me tordant. Plus tard, j'ai vu tous nos mouvements, enregistrés, depuis notre entrée dans la propriété. En visionnant la vidéo, j'ai remarqué que plus je me déplaçais vite dans la maison, plus les caméras infrarouges me repéraient. C'était assez bizarre. Comme un film paranormal. Dans la déposition, j'ai confirmé que j'étais un spectre et que j'avais agi ainsi pour devenir une femme, une femme qui n'a même pas besoin d'être célèbre pour exister. Comme un homme qui pourrait soudain se passer de femme. Le flic portait une amulette aztèque autour de son cou de taureau. Il était fou de moi. Il disait que c'était mon hymen et qu'il était mon prince. Pour la première fois, dans le Humvee, j'avais l'impression de palper le silence, de le sentir en moi.* »

Dans la cellule où est réalisée l'interview, la journaliste demande à la fille ce qu'elle entend faire si elle est condamnée à la peine capitale. Lindsay répond : « *La situation dont je parle s'est intégrée à ma vie parce que je devais vivre une expérience de transformation et devenir un être spirituel. Dieu ne m'a pas donné tous ces talents et mon physique seulement pour devenir célèbre. Les gouvernements représentent tous Satan. C'est une loi naturelle sur terre. Moi, je veux diriger une fondation, organiser des soirées de gala aux millions de bougies et de lanternes volantes à l'intention des troupes américaines outre-mer et des malades du sida ou d'autres malades, sur Mars, au-delà. Contre les démons. Je veux régner par amour sur les collines dans lesquelles j'ai vécu heureuse. Je veux m'occuper des animaux malades.* Plastic Children. Child Soldiers. *Notre sort est exactement le même.* » La fille a des larmes dans les yeux. L'interview continue. J'éteins la télévision.

Je quitte le Magic Castle peu avant dix heures en emportant tous mes bagages à l'exception du costume d'Alien que j'ai laissé sur le bord de la baignoire.

À la réception, le concierge essaie de me faire payer le prix de deux nuits. Il appelle un taxi. J'attends trois minutes au bas du grand escalier. Je demande au chauffeur de descendre Lincoln Boulevard jusqu'à Loyola Marymount University.

Le trajet dure vingt minutes. Une station de radio donne les détails des meurtres commis un peu plus tôt par un garçon de dix-huit ans. Armé d'un couteau de jungle, Kim D. est soupçonné d'avoir tué, en vingt-quatre heures, un prêtre catholique, deux bébés et une puéricultrice de la crèche de Calistoga dans Napa Valley. Le chauffeur m'observe dans le rétroviseur. Pour accomplir ses ACTES, le meurtrier était grimé en Joker. Il n'avait aucun antécédent psychiatrique. Sa mère, qui l'avait eu à l'âge de seize ans, ne l'avait jamais scolarisé. Il était autodidacte. Il ne semblait pas partager de valeurs ou de convictions spécifiques avec des tiers. Dans un petit carnet de notes aux pages rouges, Kim avait noté qu'il passerait à l'action rapidement pour ne pas laisser l'objet de sa quête le détruire. Parce que la violence rendait puissants ceux qui l'exprimaient et qu'il espérait seulement échanger sa vie avec celle de l'acteur qui avait incarné le personnage du clown au sourire dégoulinant de sang. Sur une double page, Kim avait collé des photographies de bébés dont il avait élargi les bouches pour qu'ils aient l'air de rire. Il avait écrit au marqueur noir : *EXORCISM WASTED ON THE YOUNG.*

J'essaie de projeter mentalement le visage du suspect sur la vitre du taxi. Il n'apparaît pas. J'imagine comment il avait été subjugué par la mort, comment il avait dû sentir son autodestruction entrer en lui, le violer, lui ordonner d'en finir. Je pense à sa détermination, comment les sentiments négatifs l'avaient assujetti, quand il s'était concentré sur eux.

Lorsque la voiture s'arrête devant l'université, je paie et je demande au chauffeur de patienter cinq minutes. J'attends, je regarde autour de nous. Enfin, je sors sur le trottoir. Je prends trois rues en zigzag vers le nord du campus. J'ai de la chance. Je trouve immédiatement un autre taxi. Je demande qu'il me laisse sur Bunker Hill dans Central Business District. Le trafic est presque liquide, comme les meilleures animations japonaises. Comme la répétition des énoncés permettant de détruire les obstacles intermédiaires, de les franchir pour la confrontation avec la CIBLE.

Nous passons devant les jardins du *Los Angeles Times* protégés par des blocs de béton et de très hautes grilles électrifiées. J'indique Maguire Gardens, au centre du quartier financier. Le chauffeur me dépose sans prononcer un mot.

Pendant quelques minutes, je marche en essayant de repérer la tour que j'ai dû voir du ciel ou de l'autoroute parmi les édifices, plus hauts, plus connus, celui de la Bank of America, du LippoCenter, des grands cabinets d'affaires. La lumière renvoyée par le sol est aveuglante. La température déjà élevée. Je prends une rampe de béton qui descend et s'ouvre sur une place de granit au centre de laquelle s'élève la tour de SOLARSYSTEM. Irradiées de couleurs et de transparence, les plaques de verre des trente étages accélèrent le mouvement de longues bandes de nuages.

Je traverse la cour. L'entrée du bâtiment n'est pas gardée. Une porte tournante donne accès à un grand hall occupant tout le rez-de-chaussée couvert de marbre vert pâle. Je me dirige vers la loge de l'huissier. Il se tient debout, un Mossberg .12 jaune ostensiblement placé à côté de lui. Il me demande mon nom.

– Anderson.

Il baisse les yeux sur un écran. Il me fait signe de déposer mes bagages, d'avancer et de poser les mains sur une porte blindée. Lorsqu'il quitte la loge, avant de me retourner, je vois les dalles de marbre s'illuminer sous ses pieds. Il palpe mes flancs, l'intérieur et l'extérieur des jambes. Il dit que je peux utiliser mon téléphone dans le bâtiment, mais que les communications sont captées et décryptées. Il précise que la porte blindée est la dernière à franchir, qu'au-delà, dans les étages, elles sont remplacées par des faisceaux sensibles.

Nous entrons dans une pièce couverte d'acier au centre de laquelle est disposé un fauteuil design. L'homme me prie de m'asseoir. J'attends quelques secondes. En arrière-fond j'entends filtrer des fragments d'une chanson que je ne reconnais pas.

Where have you been... provided with Toys and « Scouting for Boys ». Massive toy. You bought a guitar to punish your ma... you're nobody's fool... Welcome my son, welcome to the machine. What did you dream ? It's alright we told you what to dream...

Un scanner télescopique descend du plafond et s'immobilise à la hauteur de mon crâne. Ressentant aussitôt un engourdissement au niveau des cervicales, j'ai l'impression d'être soumis, par flash-back, aux tests psycho-neurologiques IRM passés chaque semaine à la base aérienne. Répétitions ultrarapides d'images et de symboles combinés à des ondes bombardant les régions médiane et frontale du cerveau. Excitation des fonctions logiques et motrices auxquelles s'adressait, de manière comparable, la physique des guidages de drones. Test de résilience du système nerveux, hypothalamus, cortex émotionnel, au-delà de l'intuition et de la raison, aux facteurs de stress du combat. Nuage atomique s'ouvrant comme un dahlia. Rivière de sang coulant en accéléré puis au ralenti entre des chaînes de montagnes bleues, disparaissant dans la terre. Hélicoptères Chinook aspirés dans un gouffre d'air. Caméra embarquée à bord d'hélicoptères MH-60. Drone Predator dans la province de Pakita repérant le mollah taliban KKK à l'instant où il quitte un immeuble dans un convoi. Faciès d'hommes d'appartenance tribale couverts de pluies toxiques. Couguars devenant chaque jour plus belles, perdant leur sentiment d'identité. Organigramme de la direction exécutive d'un réseau terroriste exprimé par l'imagerie cosmique de la NASA. Combattants pachtounes roulant dans le désert au volant de véhicules lunaires. Soldat américain se noyant avec ses plaques de protection au début de son premier engagement. Tir de mortier et de balles traçantes giclant dans la nuit sur des fantassins rêvant sous somnifères. Sacs mortuaires lestés pour descendre au fond de l'océan. Cadavre accroché à un saule dans une rizière inondée. Soldats drapés dans les étoiles et les bandes rouges. Déléguée du Comité international de la Croix-Rouge, violée dans son hôtel de la Zone verte. Bombardements d'objectifs rapprochés. Otages croisés. Corps putréfiés. Silhouette avançant le long d'une route avec une pelle, par ciel clair. Enfants noirs cachés dans des cartons. Ombre portant à sa circonférence, une seconde avant l'impact, une infinité de points lumineux.

– Regardez-moi !

Je n'ai pas vu entrer une femme de trente-cinq, quarante ans, en blouse blanche, blonde, au visage couvert de fond orange et de bleu-argent sur les paupières. L'huissier a quitté la salle d'examen. L'infirmière remonte l'appareil utilisé pour le test. Elle me sourit. D'une voix qui paraît exagérément douce, elle me demande de déplier mon bras. Elle l'immobilise, l'examine en le pressant avec son pouce pour trouver une veine. Elle enfonce l'aiguille. Je sens le métal glisser dans le canal gonflé. La femme fixe l'aiguille sous la peau, tire le piston, remplace le premier conteneur, prend un deuxième conteneur, puis le bloque pour le fermer dans la bouche. Même sourire. Elle quitte la pièce.

Je pense à l'expérience de reconstruction tridimensionnelle de l'activité cérébrale des volontaires de la base à partir des mesures obtenues par résonance magnétique. Comment, en quelques minutes d'opération, les neurochirurgiens entraient dans la réalité électronique que nous utilisions dans notre système pour augmenter l'efficacité au combat.

Revenu dans la salle d'examen, l'huissier me fait signe de me lever et d'entrer dans l'ascenseur. Les portes se ferment. L'aspiration verticale dure moins de dix secondes. Je me trouve dans un salon occupant les deux derniers étages de la tour, meublé de pièces modernes en bois et cuir sombres. Les baies vitrées offrent à trois cent soixante degrés un panorama sur la ville, les tours et bâtiments voisins, les collines, à l'horizon, l'océan.

Un poids lourd, crâne rasé, en blouson, pantalon et bottes noirs, me dévisage. Il porte son arme sur la cuisse droite. Son regard est fixe. Feignant d'ignorer sa présence, j'avance sur les motifs du tapis persan, l'oasis dans laquelle des chasseurs à cheval poursuivent des animaux sauvages.

Dix minutes passent. Un parfum d'amande amère flotte dans le salon. Je remarque deux pistolets posés sur une table basse. La distance et les reflets du verre du plateau rendent leur identification difficile. Distrait, je ne vois pas s'avancer la silhouette qui a quitté l'obscurité. Vincent est devant moi. Il porte une veste noire, une chemise sombre au col ouvert. Je reconnais son visage sur lequel se dessine le sourire d'étonnement contrarié qui l'avait propulsé au firmament de l'Industrie. Ce sourire qui découvre ses canines et incisives légèrement saillantes. Il me fixe dans les yeux avec une attention soutenue, pour m'inciter à croire qu'il déchiffre le monde, qu'il décide de son présent et de son avenir. Il me demande si je discerne les détails tissés dans le tapis.

– Tu vois la harde de gazelles couchées près des lions. Est-ce que tu parviens à te concentrer pour les sentir courir dans ta tête ?

Il n'attend pas de réponse. Il fait signe à son garde du corps de quitter la pièce. Celui-ci se dirige vers l'escalier du bloc de service construit autour des ascenseurs au centre de l'étage. Vincent me dévisage. Il dit que je suis venu pour des raisons que je ne connais pas. Avec la même défiance dans le regard, il commence à faire la présentation de son programme d'entraînement.

Les éléments qu'il énonce en premier correspondent à ce que m'a dit David des activités parallèles de SOLAR-

SYSTEM. Dans des runs conformes à ceux que j'avais effectués, des centaines de WARRIORS préparaient leur ACTE en ligne. Enjeux, timing. Vincent précise que le contingent est constitué des utilisateurs les plus performants de FINALWAR. Il ne fait aucune allusion au développeur du jeu original.

En dix ans, l'aura de Vincent est restée inchangée. Les traits de son visage profitent du sang des WARRIORS auxquels il accorde le pouvoir d'être eux-mêmes, donne le droit d'exister en engageant leur vie pour la dépasser. Il continue de me regarder avec la fierté et le mépris qu'il affecte en permanence. Il fait référence à la banalisation des costumes fantaisistes et aux comportements atypiques tolérés le jour d'Halloween. Il dit que le 31 octobre a été choisi parce qu'il sera un jour exceptionnel sur le plan des transits et des conjonctions planétaires. Il précise que les WARRIORS ont été exclusivement sélectionnés dans les États de Californie, d'Arizona, du Nevada et d'Oregon. Des États répartis sur deux fuseaux horaires qui instituent et font appliquer la peine de mort.

Vincent dirige son regard juste au-dessus de moi. Un aigle noir se tient sur un trapèze suspendu au plafond. Sa tête est tournée vers Vincent. Ses immenses ailes se déploient en trois battements irréguliers. Le rythme de ma respiration s'accélère. Le rapace bouge la tête, très vite, vers le haut et le bas. Son regard s'immobilise dans le mien.

– *The Eagle soars in the summit of Heaven*. Un mâle

de trois ans qui n'a jamais eu de rapports avec des congénères. Lorsqu'il devient trop agressif, je le sors sur la terrasse du dernier étage et je le laisse planer au-dessus de la ville. Il tue. L'envergure de ses ailes dépasse la taille des faons, des serpents, des singes qu'il capture à la cime des arbres. Il tombe verticalement sur n'importe quel chien qui passe deux ou trois blocs plus loin. Il y a deux jours, il a eu un braque hongrois. Il l'a déchiré, il est venu le finir près de moi.

Je reconnais toutes les nuances distinctives de la voix de Vincent, telles qu'elles étaient rendues dans ses prestations d'acteur. Par un traitement instantané de type Vocoder, son timbre vocal développe des tonalités et des inflexions plus dures, son phrasé est accentué et accéléré. En principe utilisé au cinéma et à la télévision, cet avantage lui permet de projeter, physiquement, comme une ombre phonique. Une émotion constante imposant son intention à ses interlocuteurs comme à une infinité de spectateurs absents.

– J'ai vu tes références. En détail. Tu vas travailler avec Blondie, qui développe un nouveau programme depuis six mois. Il a recodé l'intégralité du contexte de simulation. Il a partiellement échoué. C'est pour ça que tu es ici. Vous avez trente jours pour redessiner l'ébauche centrale avec les équipes techniques et soumettre cette nouvelle version aux testeurs alpha et bêta. Elle devra être mise en ligne début décembre. Nouveaux WARRIORS, nouvelle stratégie d'attaques coordonnées sur des CIBLES institutionnelles. Tu vas modifier et optimiser tous les instruments, redéfinir l'identité visuelle.

Vincent se tourne vers les fenêtres. Son aigle ne le quitte pas des yeux.

– Je veux que tu mettes Blondie à l'épreuve. Tu dois le contraindre à plus de clarté, à mettre plus de tension dans la physique du jeu. Il doit mobiliser toutes ses énergies. Il a des idées dont personne n'est capable, mais beaucoup sont totalement inutiles.

– Lesquelles ?

– Tu comprendras. Tu le laisseras exprimer ses qualités naturelles. Tu te contenteras d'invalider ses chimères. Ensemble, vous produirez une interface graphique sans défaut, sans impureté. Pour lever, dans les meilleurs délais, un nouveau contingent et le préparer à réussir l'opération EAGLE CLAWS. Huit semaines après l'attaque des teenagers. Il faudra augmenter massivement et spécifiquement la qualité de conception de la première opération pour ces catégories de WARRIORS. Des âmes à la dérive, plus ou moins jeunes, en situation de rupture avec l'armée US. Le programme qui leur est destiné devra réussir à les mobiliser par l'action, à faire d'eux des forcenés, profanateurs du monde, destructeurs de la Défense américaine.

– Qui atteindra ces objectifs ?

– Des soldats, des vétérans oubliés, échappés à toute grâce divine, faisant partie des deux millions et demi d'infidèles envoyés au Moyen-Orient, en Afrique. Eux aussi, encore une fois, voudront être les mieux équipés pour causer un maximum de dégâts. Ils ont tous été soumis à la discipline, contraints à rechercher la perfection pour accomplir des ACTES de violence, en principe de sang-froid, maîtrisés. La souffrance devient lumière, la volonté qui dirige l'action. Le programme permettra de sélectionner et capter des centaines de militaires américains atteints de troubles mentaux, traités ou non, souffrant de dépression, de syndromes post-traumatiques. Des sujets qui peuvent être persuadés que des personnes très importantes vivent en eux, dirigent leur conscience et leurs comportements. Des hommes et des femmes qui auront envie de tuer, de détruire leur CIBLE en quelques secondes car nous en aurons fait leur ultime fantasme.

Vincent fait quelques pas, bougeant le haut du corps dans un mouvement lâche, mais contrôlé. En acteur, il ajoute que son projet est également destiné aux déserteurs et défecteurs des armées, aux membres les plus intelligents, discrets et motivés, des réseaux et milices ultranationalistes actifs sur le territoire américain.

– Comment ces types de personnes en principe très surveillées réussiront-elles, seules, leur mission terroriste sans être supprimées en martyr ?

– Parce que l'opération EAGLE CLAWS est planifiée pour le matin du 1er janvier, dans la nuit de New Year's Eve. Parce qu'elle dépassera ce qui est actuellement et généralement désigné et compris comme limites par les états-majors. La sécurité nationale. Les CIBLES sont disséminées dans le monde entier, partout où existent des infrastructures relevant de la Défense américaine. Les ACTES du nouveau contingent de WARRIORS seront dirigés sur leur entourage militaire, si possible sur les représentants des états-majors, ultimement, sur le président et les représentants d'autres pouvoirs institutionnels. Viser la tête, comme à Dallas en 1963, dessiner les scènes apocalyptiques dans lesquelles des immeubles s'écroulent, dans lesquelles Freedom Tower, le Pentagone anéantissent les régiments qui célèbrent la nouvelle année. *Failure of command.*

Vincent se tait. Il paraît absent. Il se tourne vers moi. Il sourit. Il dit que le monitoring de l'opération EAGLE CLAWS doit permettre à des soldats ou à des ex-soldats de reprendre à leur compte la tension extrême du combat. De produire et supporter l'intensité des engagements en frappant des CIBLES de manière foudroyante autour, à l'intérieur des bases et des dispositifs militaires ou appartenant aux opérations spéciales de la CIA. Faire imploser l'armée. Inciter des GI's démobilisés à faire irruption dans des nefs d'église et à ouvrir le feu sur les autels, en rafales, pendant les services réguliers et les messes funèbres. Commettre des attentats, détruire des symboles. Faire exploser des bombes dans des postes de commandement, faire tomber des hélicoptères Sea Stallion en tuant des marines dans la nuit. Recourir à l'élite pour forcer l'entrée de pavillons psychiatriques, pour libérer des soldats internés dans des cellules d'isolement, pour détruire, une lame dans chaque main, les pensées qui les obsèdent.

Vincent avance devant les baies vitrées. Il s'arrête. Il dit que ces exigences radicales nécessiteront les moyens les plus appropriés, y compris les plus extrêmes. Il dit que Blondie devra reprogrammer l'intégralité du contexte de simulation. Que l'univers doit être moins émotionnel et plus intelligent.

– Je veux combiner l'ensemble des ressources disponibles pour ce type d'opération à grande échelle. Une attaque massive dans laquelle la soumission des individus à un dénominateur supérieur est totale. Parce que l'activité cérébrale de chaque WARRIOR restera, dans un échange d'impulsions, connectée à la machine avec laquelle il s'est entraîné pour accomplir sa mission.

Contrairement à la majorité des adolescents, les militaires appelés à s'engager dans l'opération EAGLE CLAWS sont habitués à recevoir des informations comprimées au maximum pour mener des actions rapides. Réitération des ordres, intensité nécessitant une esthétique heurtée, radicale. Vincent demande que toute l'identité visuelle, les bases de l'entraînement soient inspirées par la doctrine militaire, dans ses fondements classiques et ses évolutions contemporaines les plus percutantes. Les moyens techniques nécessaires à leur développement sont connus : haute définition, densité, colorimétrie, flux audio industriel, saturation, silences, pulsations. Le jeu sera présenté sous forme de cas d'école. Vincent donne l'exemple d'un major américain, neuropsychiatre d'origine sunnite, ayant ouvert le feu au cœur de la base qui l'employait. Plusieurs rafales tirées avec deux fusils d'assaut dans l'un des bâtiments utilisés pour le briefing des soldats à la veille de leur départ ou pour leur réception à leur retour d'Afghanistan. Bilan : treize tués, quarante-trois blessés. Deuxième exemple : carnage provoqué par un marine de vingt-trois ans à la dérive, après avoir patrouillé pendant un an dans les rues de Bagdad.

Vincent précise que la procédure peut être modifiée ou annulée en tout temps, individuellement ou totalement. Pour que les WARRIORS comprennent qu'ils sortiraient aussitôt du jeu s'ils venaient à s'égarer et se laisser repérer dans la phase préparatoire de l'opération. Menacés par la destruction à distance, dans leur système personnel, de l'intégralité des données numériques les concernant.

Je ne laisse voir aucune surprise. Vincent n'a aucun doute sur ses intentions. Il est sûr de ses règles d'engagement exigeant des solutions complexes et hasardeuses. Quand je lui demande si la confidentialité et la sécurité du système pourront être assurées pour la séquence concernée, il se tourne vers moi. Il dit que SOLARSYSTEM échappera à la surveillance électronique de la NSA, Échelon, de l'ensemble des organismes luttant contre les menaces de cette nature et de cette ampleur. Parce que le système ne prône pas de vision pour l'avenir. Parce que l'avenir de l'humanité n'est explicitement pas en cause. Il dit que Blondie m'informera des mesures de sécurisation qu'il a prises avec les membres de son équipe.

Un instant, Vincent paraît hésiter, puis il revient sur l'exigence absolue de réussir l'alignement, la simultanéité et la concentration maximale des ACTES destinés à produire le chaos. Effet de conflagration pour causer le plus de dégâts possible au sein des forces armées.

Lorsque Vincent se réfère à Oklahoma City, aux QG de l'OTAN, à des attentats récents, des reflets de démence apparaissent dans son regard. Pour la première fois, ses gestes trahissent une sorte d'appréhension.

– Vous n'êtes pas des psychopathes, vous n'êtes pas des enfants. Vous ne jouez pas avec votre corps et les armes que vous portez et levez sur vos ennemis pour les détruire. Vous êtes prêts à dominer votre espèce !

Vincent s'approche de la table. Il se penche, il prend l'un des pistolets. Il sort le chargeur, l'enclenche et repose l'arme sur la table. Il procède de la même manière avec l'autre arme. Il la pointe vers le sol, serrant la crosse dans sa paume, tenant l'index sur la gâchette. Il déplace le canon en direction des vitres sur lesquelles défilent les mantras du programme d'entraînement des WARRIORS.

– Les douze dernières heures de l'année et les douze premières de la suivante représentent la séquence de l'année pendant laquelle les sites xxx. sont les plus visités. Est-ce que tu penses que c'est un facteur prévalant pour l'opération ?

– Pas s'il est compensé par d'autres comportements spécifiques contrôlés.

– L'alcool, les drogues, les heures de rentrée dans les bases, l'ensemble des mesures spéciales qui seront prises ?

– Nous réussirons à les assujettir comme les *kids on line* pour les voir progresser dans l'univers, le monde construit pour une nuit, pour qu'ils en deviennent les princes. Regarde !

Vincent se tourne vers son aigle et tend le bras au bout duquel il tient son arme. Immédiatement, l'animal réagit, ouvre ses ailes en grand, s'envole et, en une demi-seconde, vient planter ses serres dans l'avant-bras de son maître, qui plie légèrement les genoux. L'oiseau resserre son emprise à travers la veste et la chemise déchirées. Soulevant le bras, Vincent fait basculer l'oiseau devant lui et commence à lui parler, s'astreignant à inspirer et expirer lentement, caressant son plumage pendant que l'aigle, encore une fois, déplie ses ailes au-dessus de lui.

Vincent prononce une phrase inaudible. Il s'adresse à moi.

Je me souviens d'une interview dans laquelle il avait confié avoir perdu contact avec son père qui l'avait abandonné à la garde de sa mère et de ses sœurs. Cette influence féminine lui avait profité. À dix-sept ans, il avait suivi une année de séminaire dans un ordre catholique établi sur la côte est. Il avait commencé à prier. Il avait quitté le séminaire après avoir remporté un casting pour jouer dans son premier film produit par David. Il était devenu son amant.

– Les WARRIORS sont prêts à faire la guerre. Ils sentent la faille s'ouvrir en eux comme s'ils étaient violés. Tuer devient le seul ACTE qu'ils désirent accomplir ! Détruire les systèmes de représentations les plus évidents. Les faire disparaître.

J'essaie de vider mon esprit. J'essaie d'estimer les chances de victoire que peut avoir Vincent en poussant des milliers de teenagers et de militaires à tuer.

Je regarde les armes posées sur la table. Je regarde, sur les baies vitrées, la réflexion des mots affirmant que tuer est une fête, que les ACTES à venir ne visent pas des innocents, que les WARRIORS ne doivent jamais sous-estimer ou surévaluer leur CIBLE avant sa destruction. Savoir que le degré de difficulté de chaque mission sera décuplé dans la fuite, pendant les jours qui suivront l'ACTE. Lorsque le manque de sommeil et la fatigue commenceront à produire des effets négatifs sur l'humeur et les réactions. Lorsque la peur d'être retrouvé ou tué provoquera des hallucinations et perturbera l'évaluation des dangers objectifs. Ne pas se représenter sa propre mort.

Les images projetées devant moi disparaissent complètement de ma conscience. Pour la première fois depuis que je suis à l'intérieur de la tour, j'imagine Hurley tombant du ciel, surgissant devant nous, dans un intense faisceau holographique. Comme si ses formes, parfaitement définies, devenaient virtuelles. Comme si Vincent, lui-même, avait réussi grâce à ce procédé à se soustraire à l'attention des médias et de l'Industrie. Aux recherches, à la Justice. À transférer son corps dans cette nouvelle dimension. Comme les métamorphoses des personnages qu'il avait incarnés avec autant de succès à la télévision et au cinéma. Comme il continuait à ignorer les rituels sociaux, s'imposant à distance en séducteur ambitieux, superficiel, pour commander une armée.

Vincent est debout dans le salon. Il projette sur la surface vitrée une représentation de SOLARSYSTEM intégralement symbolisé par des rectangles rouges reliés par des traits rouges. Il dit que le graphique exprime l'essence de son entreprise, de sa coordination et de sa discipline, qu'il intègre physique, doctrine militaire et mathématiques. Il veut me montrer des déclarations d'intention de WARRIORS, enregistrées au début de leur procédure d'entraînement. Des séquences de quelques secondes, pendant lesquelles les joueurs exposent leur situation personnelle et les raisons qui les incitent à détruire leur CIBLE. Ces communications liminaires sont enregistrées avant la correction et conceptualisation dynamique de leur ACTE complet par le système.

Je demande à Vincent si une routine de communication permet de s'adresser aux WARRIORS à ce moment. Il ignore la question. Il prétend que seul le présent multiplie la puissance, la vulnérabilité, l'ubiquité à l'infini. Et qu'il sait en profiter. Avec une télécommande, il agrandit l'image d'une fille aux longs cheveux foncés retenus en queue-de-cheval. Le pseudonyme de la fille est LITTLESWEET15. Le pull jaune moulant qu'elle porte au début de l'extrait est floqué d'un organe humain ou animal photographié. Vincent dit que cette fille ne satisfait pas aux exigences. Les logarithmes l'ont déjà exclue.

– L'objectif du jeu n'est pas compatible avec le syndrome de la princesse. Défaut des âmes condamnées par leurs illusions les plus vaines, leur soumission aux idéaux, à l'obéissance. Deux balles dans la tête. Cette petite fille sage paie le prix du conte de fées qu'elle invente pour survivre. Les WARRIORS qualifiés sont plus forts. Ils fantasment au-delà de ce qu'ils vivaient avant de découvrir le jeu, avant de commencer à jouer. Ils se dépassent, ils deviennent autres.

– Comment éviter les influences étrangères pendant l'activation ?

– Regarde plutôt ce que fait la princesse dans la nuit qui la rejette ! Regarde les marques de morsure, les ecchymoses sur ses bras. Incisions, lacérations, automutilations. Étoiles tatouées sur tout l'épiderme. Tu es fasciné par quelque chose chez elle ? Regarde comment elle se met en scène ! Regarde comment elle parvient à se filmer depuis le plafond de sa salle de bains !

La fille bouge pendant quelques secondes, puis un homme aux cheveux blancs fait irruption dans la pièce et la menace. Il s'approche d'elle, saisit son menton et la gifle très violemment. Elle tombe. Il lui demande si elle le reconnaît, si elle sait qui il est. La fille s'appuie sur un bras, parvient à redresser la tête pour faire face à son agresseur qui la gifle encore une fois du revers de la main. LITTLESWEET15 vacille. Son bourreau en profite pour prendre sa tête dans les mains et la projeter sur le sol. Aussitôt et sans qu'elle ne lui oppose aucune résistance, il la déshabille, tirant son pantalon sur ses jambes avant de le jeter derrière lui sur la cuvette des toilettes. Il lui insère trois doigts dans le sexe et le rectum, s'acharne sur elle, sur son clitoris, répétitivement, en lui ordonnant de jouir, hurlant jusqu'à la fin de l'enregistrement, tandis que la fille pleure et tente de se soustraire.

– *Sweeeeeak !* fait Vincent en s'avançant dans le rayon du projecteur.

Sa chevelure foncée et son visage livide sont violemment contrastés. Il ressort du faisceau. Il sourit pour transmettre l'impression de force et de surenchère avec laquelle les WARRIORS doivent identifier et transformer leurs repères à leur avantage. Pour réussir leur ACTE.

– Regarde les tueurs ! Regarde ! Ils sont magnifiques ! Ils ressemblent aux fœtus dont on peut voir la respiration et les battements du cœur en échographie. Ils ne savent pas encore qui ils sont. Ils apprennent à se dévoiler en risquant leur vie contre un ennemi plus fort qu'eux. Ils le reconnaissent. Ils font des repérages autour de lui, ils se préparent, ils passent sur le moteur principal que nous leur offrons, ils entrent dans la réalité ! Regarde cette madone perse !

Dans le nouvel extrait, une fille se filme, appuyée sur l'avant d'une Ford Falcon qui paraît être celle que j'ai convoyée du port franc au manoir de David. Même vignette collée au centre du pare-brise, même *blower* Weiand, même traitement des vitres. Dans cette position, tenant d'une main son fusil de chasse Boss à canon scié, la Dark Lady m'excite instantanément. Ses yeux détruisent les regards qui la cherchent. Son pseudonyme est JOY, l'âge indiqué, vingt et un. Son attitude effrontée, sexuelle, est imprégnée d'une défiance innée. Elle est élancée, vêtue de cuir noir. Cheveux d'Ishtar, moue de dégoût, Hécate, déesse ailée, née de la guerre pour la guerre. Sa peau basanée, sa taille mince, ses hanches étroites, ses lèvres tumescentes de tueuse zoroastrienne possèdent l'intelligence révoltée des factions Armées Rouges. Son corps est fait pour tuer. Dans une séquence suivante, JOY pose nue sur le long capot. Elle glisse sur le ventre, relève le bassin, écarte les jambes. Puis elle est à nouveau debout, son pantalon et son blouson de cuir noir collés au corps. Avec détermination, sans forcer sa voix éraillée diffusée par tous les points de la sonorisation du salon, du sol, du plafond, elle dit : *Un homme me plaque contre un mur en m'injectant une dose d'héro. Il me provoque, il descend son froc et je m'en sors bien. Je le shoote dans la tête et il tombe. Je continue, kick à la tête, uppercut au ventre. Il y a plus de lumière. Aspersion. Descente en chute libre dans un puits. Je me transforme en loup-garou et je mords un autre homme à la gorge pour protéger des filles qui se cachent dans les toilettes. L'homme se redresse devant moi, des ailes d'ange poussent dans son dos, mais c'est un présage du mal. Six points de suture.*

Fracture du nez. Commotion cérébrale. Je respire de nouveau, trempée de sang chaud et collant. Autorité. Expansion. Encore me cogner la tête contre les murs de ciment pour anéantir la douleur. Je déteste les surprises. Sauf celles qui doivent me sauver la vie.

JOY lève les yeux vers la webcam posée devant elle et s'avance pour l'éteindre, se retrouver seule dans le garage qu'elle utilise comme décor.

Si la voiture est celle de David, la fille qui pose sur ces images peut aussi connaître le château. Tourné en direction de la vitre sur laquelle est arrêtée l'image de la WARRIOR, Vincent s'adresse directement à elle :

– Tu es prête pour jouer quel rôle sur le ring, mon trésor ? Tu vois ta CIBLE ? Tu la sens ? Elle lève les mains ? Tu espères faire l'expérience mystique de vie ?

Vincent continue de s'adresser à JOY, puis il se tourne vers moi. Il affirme que les flots d'images absorbées par les adolescents représentent leur perte, pour la majorité d'entre eux. Comme dans les légendes fantastiques dont ils ne peuvent pas se passer, saturées de personnages stéréotypés, de rêves de conquête. Pour être vus et se faire remarquer, pour leurs fantasmes d'hégémonie, ils sont prêts à tout. Perdre la raison par anticipation. Incapables de verbaliser ce qu'ils ressentent et ce qu'ils veulent, impuissants à décrire leur désespoir, ils se trouvent dans des situations et des états psychiques que seul l'ACTE de mort qu'ils préparent parviendra à exprimer totalement.

Sur la vitre, JOY est remplacée par un garçon. Vincent bloque l'image.

– Maintenant, tu vas voir des enfants de lumière qui bénéficient des meilleures références et des relations les mieux placées. Des enfants alchimiques, enfants-fleurs chéris dont le corps et les blessures ne sont même pas des indices, des enfants qui pleurent en jouant avec des armées de soldats entre les mains. Des filles platine qui paradent et meurent de jalousie au bal des débutantes. Des enfants virtuoses, surdoués, dévorés par les frustrations et l'arrogance. Leur angoisse permanente d'échouer à éliminer un à un leurs concurrents. Leur désir suicidaire s'approchant et s'éloignant d'eux comme la bouche d'un canon. Regarde-les bien !

Vincent tient la tête à demi tournée de manière à offrir son profil sans me quitter du regard. Il attend une réaction.

– Je veux que les attaques provoquent un chaos dans lequel tout s'effondrera. Regarde le suivant !

LAING. M. 17 ans. Visage de mannequin. Cheveux noirs. Lunettes bleutées derrière lesquelles perce un regard fixe. Derrière lui, contre le mur, est agraffée la peau d'un rat géant sur laquelle sont tatoués un Mickey Mouse crucifié et une Minnie éplorée.

Je ne sais plus d'où vient cette rage contre le monde, mais je dois punir le recteur de l'université, je dois mettre Mickey à genoux. Accomplir ma vengeance en éclatant sa tête contre le pare-brise de sa voiture. Mon médecin veut me remettre sous neuroleptiques pour que mes démons cessent d'exciter ce qu'il y a de plus vital en moi, pour que je ressente moins de haine... pour que mes instincts soient conformes aux lois et aux représentants de l'ordre. Pour devenir dangereux, pour accomplir mes ACTES, *j'aimerais utiliser un maximum d'armes sur L.A., terre promise. Lancer des bombes sur Sun City, Anaheim, Sea World, Playa del Rey, Salem et les immondices qui en jaillissent jour et nuit au pays des hommes libres. ARMY OF LOVE APEX OF HUMAN GLORY. J'emmerde l'argent, les cercueils en or couverts de fleurs, les sept milliards de pauvres, ceux qui sont en train de brûler sur les rives de l'Indus. J'emmerde la honte, j'emmerde les artistes, les juges, j'emmerde la civilisation, Google, j'emmerde les photocalls, j'emmerde le Mal. Éclipser les images et les mots créés par les hommes nés dans la fange, divine beauté, star-système. Je suis de plus en plus excité de vivre un cauchemar. Il n'y a jamais de complot. Je vais projeter ma force de cobra vers l'avant.*

Le pseudonyme du WARRIOR suivant est POKERFACE. L'âge indiqué quinze ans. Le genre, M. Visage blême transsexuel. Tatouage de dragon sur le haut de l'épaule droite. Difficulté à s'exprimer. Agité de spasmes, il soulève une boîte de bière qu'il porte à sa bouche avant de s'étrangler en buvant et de se rejeter contre le montant de lits superposés. Il tousse, ferme les yeux et arrache un pansement collé sur son arcade sourcilière. Devant lui, des emballages et des restes de nourriture, des boîtes de Red Bull et de sodas défoncées. Des cartes et des jetons de poker. Un fusil à pompe et un CAR-15 nouvelle version. Derrière lui, des collages, photocopies d'anatomies féminines longilignes couvertes de plumes d'autruche dont il a remplacé les têtes par des crânes de vache. Pyramide de soldats. Femmes-arbres. Plusieurs chargeurs empilés.

Mon sommeil est troublé par des rêves d'horreur d'hommes passifs-agressifs en sang. Ma mère est un animal malade à qui, fœtus, je criais d'avorter. Elle m'a donné la vie en m'étranglant avec le cordon du parachute. Bébé araignée enveloppé dans un sac de plastique. Elle a accouché dans la cabine des toilettes de l'avion. Elle m'a laissé dans la poubelle. L'équipe d'entretien au sol m'a trouvé parmi des serviettes ensanglantées. Je vais lui crever les yeux. Mouche vert fluo aux yeux rouges. Tuer le monstre qui a donné la vie à un monstre. J'ai cru que mon corps deviendrait mon esprit. J'ai cru découvrir ma propre beauté. Je ne veux plus subir la violence, je veux en devenir l'expression, transformer ma haine, mon envie, ma peur horrible… 2035

Le visage de POKERFACE reste immobile. Nouveau plan. Il a le visage maquillé en blanc, les lèvres très sombres, les yeux entourés de noir. Il s'approche de la caméra. Vincent interrompt la projection.

– Les WARRIORS demandent tous la même chose. Ils veulent devenir invincibles. Ils savent que c'est éprouvant, que les contraintes imposées par le programme sont énormes, mais ils veulent progresser pour réussir leur ACTE. Dans les derniers jours précédant leur carnage, les membres de la famille de Manson avaient accepté des règles d'ordre, de propreté et d'apparence physique irréprochables. Tu le savais ? Tu savais ce qu'ils ont fait avant de mettre du sang partout ?

La voix de Vincent est toujours égale, grave, méprisante.

– Je sais.

– Et tu sais aussi que je ne t'ai pas fait venir ici pour regarder de jeunes Américains glousser en attendant la gloire. Tu es conscient d'être ici pour dresser une cohorte de soldats destinés à conduire la guerre du futur, dans le pays où personne ne veut les voir. Régiments de zombies qui, après avoir été déployés dans les plaines et les montagnes désertiques, sont rendus à leurs villes et se perdent dans les banlieues, les rues, les supermarchés. Dans la chaîne de destruction humaine, les invalides de guerre comme les junkies frigides survivent au niveau des ordures dont ils ne peuvent se passer. S'ils veulent réagir, retourner la peur de ceux qui ciblent les masses, l'opération EAGLE CLAWS est conçue pour répondre à leurs attentes en profitant de ce qu'ils savent faire. De ce que nous leur donnons !

– Filage, corrections. Anticipation des ripostes.

– WARRIORS qui ont connu la guerre. Parce que leur énergie est différente de celle des adolescents, tu devras intégrer d'autres éléments de langage, des mantras plus respectueux, plus autoritaires et, d'une certaine manière, moins violents. Les soldats sont plus superstitieux et sentimentaux que les femmes auxquelles ils pensent en s'endormant, en rêvant ou en se vidant de leur sang.

Vincent se tait. Il relève la tête vers moi. Il me parle, mais je ne l'écoute pas. J'imagine les actions des WARRIORS branchés sur son système.

– Qu'est-ce qui est le plus évident chez toi ? demande Vincent en se tournant dans ma direction.

– L'intuition.

– Ce n'est pas la réponse que j'attends. Je ne pense pas à la qualité que tu considères comme la plus utile dans ta vie. Savoir dans quel état d'esprit tu te trouvais quand tu as répondu aux offres d'airforce.com ne m'intéresse pas. Tu crois que les WARRIORS comprennent pourquoi ils deviennent des tueurs ?

– L'excitation. Le système leur permet d'entrer dans une zone où ils ne sont jamais allés. Ils veulent apprendre, s'entraîner et tuer.

– Il faut que tu réussisses à produire à la fois plus d'excitation, et plus de concentration. Avec Blondie et les équipes qui travaillent pour lui, vous devez renforcer la télépathie et les modes de communication parallèles opérant autour et au-delà du système. Tu connais ces procédés. Tu exploiteras tout ce qui pourra être conservé de ses esquisses, des personnages, des duels. Tu exigeras de les voir tous. Tu les testeras tous.

Derrière Vincent défile un cluster de mantras en majuscules rouges.

RÉPONDRE À LA DOMINATION
CE QUI FAIT VRAIMENT MAL
ATTACHEMENT. DÉSIR. IGNORANCE

Un poste de téléphone posé au pied de la table basse sonne. Vincent s'avance, prend le combiné. Il dit :

– Montez ! Maintenant !

Sans bruit, un homme de type indonésien entre dans le salon en duplex. Il est âgé d'une cinquantaine d'années. Il place des couverts et dépose des plateaux sur la table basse, à côté des pistolets automatiques. Quand Vincent s'adresse à lui, il hoche la tête en présentant un assortiment de baies, de raisin, d'huîtres, de sorbets. Il découvre un bortsch aux bourgeons de rose, laisse une carafe de jus de fruits. Il fait une révérence et quitte la pièce.

Vincent se sert à boire, lève les yeux vers moi. Je décline. Il dit qu'il s'impose un régime rouge, sans viande, sans poisson après avoir découvert une aiguille de seringue dans la tête d'une crevette servie par le traiteur asiatique le plus cher de la ville.

– Dans un instant, lorsque tu rejoindras Blondie, tu verras qu'il est... très... mental. Fermé. Il tentera de te mentir. Il essaiera de te convertir en bits de lumière en prétendant qu'il comprend tous les langages – ce qui, en termes de codes sources, est exact. Il a intégralement construit le jeu qui dissimule sa finalité derrière sa thématique et ses intitulés sans rien révéler de sa structure matérielle et immatérielle. Mais Blondie ne peut pas s'empêcher de jouer avec les armes qu'il a dans les mains. Il a remplacé les pseudonymes des WARRIORS qu'il jugeait trop génériques. Il a des absences. Il est surveillé par un réseau de capteurs. Je suis tous ses mouvements.

Vincent me dévisage. Il dit que Blondie a été analyste à la Rand Corporation, qu'il avait ensuite intégré, à l'âge de seize ans, le premier cercle du général couvert d'étoiles, destitué par le président pour nommer Petraeus. Le général Petraeus dont j'avais récemment rêvé à deux reprises parce que, comme d'autres soldats et contractants, il m'avait invité à l'accompagner pour son jogging de cinq heures du matin. Vingt hommes et une femme habillés en T-shirt, short noir et gris courant dans les cratères désertiques formés par des astéroïdes au terme du long règne des dinosaures. Des trous dans lesquels la gravitation ne laissait plus échapper aucun rayon lumineux et risquait d'engloutir, d'instant en instant, le temps et la matière.

– Tu devras injecter plus d'imprévisibilité et de simultanéité dans le processus. Il faut contraindre les WARRIORS à devenir à deux cents pour cent opportunistes dans leur domination lorsqu'ils attaqueront les CIBLES assignées.

Vincent recommence à énumérer ses objectifs. Je l'interromps. Je lui demande quelles sont les limites financières du développement.

Il pose son verre sur la table, devant lui, gardant deux doigts sur le bord.

– Tu recevras trois cent mille dollars en liquide, dès que tu auras commencé à produire ce que j'attends de toi. Tu n'as jamais été payé autant, même comme lead designer des armées. Il y aura un ajustement si les actions font les dégâts attendus le soir du réveillon. Tu ne quitteras pas la tour avant cette échéance.

Je ne montre aucune surprise. Je ne demande pas de garanties. Je me demande si Vincent ment sur la date qu'il a choisi de me révéler, à ce stade. J'imagine les formes de pénétration virtuelles destinées à la réalisation des ACTES, aux rencontres, aux brusques changements et revirements qui surviendront dans l'espace physique. À la constante maximalisation des capacités de réaction dans le plus grand nombre de situations d'opposition. Je pense aux options les plus triviales, aux dotations d'armes les plus puissantes aux mains d'hommes et de femmes en rage. Vincent ambitionne de faire un grand nombre de victimes au sein de la meilleure armée au monde. En la détruisant de l'intérieur. En augmentant la violence pour rendre ses WARRIORS invincibles. Des tueurs pour lesquels les motivations, le rapport à la CIBLE seront plus conscients, pour lesquels le programme devra élever toutes les exigences d'exécution, substituer la paranoïa à l'abstraction, sans référence au sacrifice.

Soudain, Vincent se lève et se dirige vers le trapèze sur lequel se tient son aigle. Il le regarde et lui parle à voix basse.

Les portes de l'ascenseur s'ouvrent. Un membre de la

sécurité se présente. Sans se tourner vers lui, Vincent lui demande de me mener à ma chambre.

Je suis conduit dans une pièce située en sous-sol sans téléviseur, sans possibilité de connexion électronique. Mes bagages sont posés sur le lit. Une boîte de *pupacene*, à première vue identique à celle que j'avais trouvée dans le minibar de l'Ocean Eyes Residence, est placée sur l'attaché-case en plastique noir renforcé contenant mon ordinateur. Lorsque je soulève le couvercle de la boîte de friandises, la base reste sur la mallette. Sous une double feuille de papier de soie, je découvre une photographie de Vincent en vampire découpée dans la couverture d'un boîtier DVD. À gauche du visage, collé sur la tempe, un revolver d'enfant. À droite, une copie de la photographie couleur figurant dans mon passeport. Juste en dessous, soigneusement dissimulé, un SIG P250 Subcompact. C'est une arme peu utilisée sur le continent. Je le prends en main en tenant la crosse enveloppée dans la feuille de papier. Un chargeur plein est en place.

Un deuxième carton imprimé est posé sur le fond de la boîte. L'image digitale noir et blanc d'une tête de cerf, gueule ouverte, l'œil dilaté par la peur, photographié à l'instant où il est touché. Le recto est divisé en cinq rectangles de largeur inégale : trois portraits de Hurley, de face, profil gauche, profil droit couverts par les six lettres composant le nom C R E E C H.

La référence à la base aérienne peut s'interpréter comme une menace de dénonciation. Elle rappelle le risque de chantage que j'avais accepté d'assumer en conduisant la voiture jusqu'au manoir. Le risque que j'avais préféré ignorer en infiltrant le quartier général de SOLARSYSTEM. Transmise à ce stade de ma mission, l'arme me permettait d'approcher et de verrouiller l'ennemi dans la zone. D'exécuter la CIBLE. De tuer Vincent dans son rempart.

Étendu sur le dos, je ferme les yeux quelques secondes. Vincent entre dans le champ de tir. Je l'annule avant qu'il ne sorte de la tour, avant de vérifier les intentions ultimes de David. Traiter Vincent en CIBLE prioritaire, comme il l'avait laissé entendre chez lui. Avec ou sans la complicité de Hurley. Je garde les yeux fermés. Pendant une seconde, certains des noms que j'avais lus gravés dans le marbre noir du mémorial me reviennent à l'esprit. Ceux qui m'avaient surpris, ceux que je connaissais, les noms des personnes qui ne mourraient jamais. Puis Vincent réapparaît face à une proie humaine anonyme. Il lui impose sa terreur, en la percutant de coups de poing, de coups de tête, en lacérant son visage. J'imagine que je suis sa CIBLE, que je le devance, menant plusieurs attaques contre lui, des actions de plus en plus brèves, précises, poursuivant mentalement mon itinéraire jusqu'au déroulement complet de l'ACTE.

Sans me lever, sans bouger, je me représente des dizaines de fois face à Vincent, le laissant venir à moi dans la chambre où je me trouve ou me faisant appeler pour le rejoindre sur l'un des étages de la tour. En me concentrant, distinguant avec précision sa silhouette devant moi, je vise le front, plaçant ma main droite en avant à quarante-cinq degrés vers le haut, l'index le long du pontet, le bras tendu. Je bloque ma respiration, j'écrase la détente. Le coup traverse le champ visuel. Éclat de poudre. Pénétration de la première balle qui l'atteint au front, la deuxième sur la tempe, sa tête se tournant sous le premier impact. Les troisième et quatrième coups touchent le cœur. Il s'effondre. Son corps brille cinq secondes sur le sol comme un rubis, puis s'éteint.

Je cesse de visualiser la mort de Vincent. Couché sur le lit, j'esquisse sur les pages d'un cahier mes premières propositions pour la version destinée aux nouveaux WARRIORS. Les images expriment les formes de radicalisation induites par les possibilités présentes et futures de l'Internet. La technique permet de diriger les joueurs plus activement et rapidement en agrégeant des sons, de nouveaux éléments lexicaux s'adressant à l'inconscient, aux pulsions. Augmentation de l'incertitude sur la nature des images. Extrémités de la réalité, décors artificiels dans lesquels les dimensions physiques, matérielles et spirituelles fusionnent d'elles-mêmes.

Nouveau désert de silence, monde enterré, monde sans vie. Sidération de l'adversaire par le rythme des séquences d'action. Chance. Risques. Leurres. Textures et couleurs minérales et végétales. Visages de militaires dans le château de Klingsor. Torture. Ténèbres tombant sur le champ de vision. Ciels bleus, ciels dorés, dans lesquels les WARRIORS sentent qu'ils doivent plonger, dans lesquels ils développent de nouvelles facultés, traversant la duplicité, les mensonges, les menaces, la douleur. Martèlement de bottes sur le pont d'un porte-avions, jour de la victoire, battements de tambours, aboiements, cris. Tirs rapides. Corps de marines sur l'Île des morts. Intégrer les prières et l'intimité des WARRIORS. Leurs médailles d'identification, leurs visages. Exiger qu'ils portent l'offensive exclusivement sur la CIBLE désignée. Renforcer leur motivation en les bombardant de photons, de projections subliminales, en élevant la puissance des distorsions sonores, la force de la voix de Vincent, la *virtu* du Prince conquérant qui brandit son épée, leur ordonne de détruire et de tuer, exige qu'ils conduisent leur mission sur un mode imprévisible, conditionnés par des extraits musicaux s'articulant de manière obsessionnelle autour des notes *ré* et *do*. Eurythmie, *Libera me* chanté par des voix féminines fantomatiques. Vincent est debout devant moi.

L'homme qui m'a conduit dans l'après-midi se tient devant le seuil laser de ma chambre. Je ne l'ai pas entendu s'approcher. Il prononce le nom de Blondie. Je lui demande d'attendre. J'entre dans la salle de bains. Je vérifie mon arme et je la remets dans la poche de mon blouson.

Je rejoins l'agent de sécurité. Nous prenons l'ascenseur qui descend jusqu'au troisième sous-sol. Les portes s'ouvrent dans un large silo de ciment. Nous traversons le portique d'un caisson métallique stabilisé sur un coussin d'air. Une luminosité froide irradie l'espace intérieur conçu comme la passerelle d'un vaisseau. Des centaines de circuits intégrés et de câbles d'acier gainés courent au sol et sur les parois couvertes d'un revêtement d'isolation magnétique.

Blondie se tient devant un mur d'écrans sur lequel défilent des images de WARRIORS. Au-dessus d'une bande d'écrans diffusant des programmes télévisés et des informations s'affichent, en alternance ou en réalité augmentée, des dizaines de diagrammes actifs. À cet instant, aucune chaîne ne fait mention de parricides et de matricides. Les télévisions ont ajusté leur stratégie commune pour endiguer le risque viral causé par la publicité faite autour des ACTES.

Blondie souffre d'un strabisme convergent. Son visage androgyne, très pâle, maquillé, est marqué de traces d'acné superficielles. Il porte un torque entre les bords ouverts de sa combinaison spatiale. Il ne réagit pas lorsque l'agent de sécurité prononce mon nom. Il semble ignorer les codes de communication analogique. Je fais un signe affirmatif à l'intention de l'homme qui m'accompagne et je prends une chaise de bureau.

Le visage tourné vers les écrans des moniteurs et des ordinateurs, Blondie affirme d'une voix presque atone qu'il dirige le centre opérationnel. Le centre de la peur, les voix qui appellent les WARRIORS. Il dit qu'il est totalement investi dans le fonctionnement du système afin d'en constituer d'autres plus étendus. L'espace devant lui, sur son pupitre, est couvert de papiers froissés, pliés en hélices, assemblés en chaînes nucléaires, de dessins, de boîtes de soda, de gelées alimentaires fluorescentes, de paquets de scones, d'aérosols de laque et de crème fouettée. Il dit qu'il est capable de survivre dans les environnements hostiles les plus oppressants et les plus horribles. Les pays remplis de fraises géantes, de rappeurs et de ninjas. Près de ses claviers, il y a des fioles portant des étiquettes marquées de caractères écrits à la main. Un pistolet factice Softairgun.

Sans lever les yeux, Blondie affirme entrer dans un univers sublime en inhalant les produits dont il a déchiré et laissé les emballages devant lui. Ses pupilles s'immobilisent, puis recommencent à bouger très rapidement. Elles fixent les écrans sur lesquels passent des scènes de guerre en 3D. Il affirme qu'il est l'intelligence du système vivant, le cerveau des opérations en cours, qu'il a pénétré FINALWAR pour y écrire, dans le style le plus pur du monde, ses nouvelles lignes de codes. Il dit qu'il a suturé la faille béante par laquelle les trois mille WARRIORS qualifiés ont glissé inconsciemment. Parce qu'elle s'était refermée sur eux sans laisser de cicatrice à la surface du jeu auquel ils s'adonnaient.

– J'ai tout vérifié. J'ai corrigé toutes les erreurs. Je suis inspiré par les chants d'oiseaux et les hurlements des bêtes que je crée moi-même.

Blondie continue à expliquer son raisonnement, à faire référence aux codes, aux ouvertures, aux orifices, aux ajustements. Il estime que deux tiers des CIBLES seront détruites très tôt, le jour d'Halloween. Regardant toujours dans le vide, il affirme que cet épisode de justice sommaire sera fatal à la moitié des WARRIORS, arrêtés ou tués au cours des contrôles et des chasses à l'homme sans merci. Ils seraient traqués, lynchés et détruits. Leur capacité à réduire leur exposition serait décisive dès les premières minutes suivant leurs ACTES. Avant le début de la contre-attaque. Blondie affirme que le niveau d'anxiété serait maximal. Il dit que les WARRIORS seraient cloués sur des arbres, leurs mains et leurs têtes coupées. Sur le même ton dépourvu d'empathie, Blondie ajoute que la prédiction de létalité, de blessures et d'arrestations serait encore supérieure pour les WARRIORS de la deuxième vague, leurs ACTES se produisant dans des environnements hautement sécurisés. Leurs opérations spéciales seraient comparables à des attaques survenant dans des conflits de basse intensité, mais ils seraient tous victimes de mesures de riposte immédiates.

– Vincent envoie ses soldats à la mort. Il leur ordonne d'être la lame de fond qui emportera tout. Mais ils ne seront que des ombres soumises à l'arbitraire. Ils seront tués dans l'action et aucun d'eux n'aura la chance de continuer sa partie en enfer. La mort est le détachement ultime du corps. Regarde !

Sur plusieurs écrans, Blondie fait défiler des militaires engagés dans les tableaux qu'il a créés pour le monitoring de l'opération EAGLE CLAWS.

Ce sont les images et les vues globales que Vincent m'a demandé de redéfinir en simplifiant la composition digitale, en supprimant les débauches de pixels, les pays de songes esthétisés, les seins crachant des fontaines de lave, les animaux-humains blessés, les faciès floutés qui obsèdent Blondie. Des représentations infantiles, sensuelles, néoréalistes, biomécaniques, idéales, de guérilla et de contre-insurrection, dans lesquelles son narcissisme l'a fait intégrer plusieurs fois son visage d'ange à peine retouché. Des animations dans lesquelles il ne donne pas aux WARRIORS des contacts physiques sollicitant toutes les instances du système neurone moteur. Dans lesquelles il ne s'adresse pas à leur cortex préfrontal pour qu'ils se programment eux-mêmes à devenir libres, deviennent capables de réinventer leurs propres règles. Pour que leur action ne soit pas bloquée par les usages militaires et que leur ACTE soit conduit jusqu'au bout. Pour qu'ils survivent à la violence qu'ils auront provoquée.

À aucun instant Blondie ne remarque que je mets en doute son assertion et le manque de dynamisme visuel de ses animations. Les sensations qu'il a illustrées, les images qu'il a créées au lieu d'initier des ACTES réels. Son regard est vide, comme s'il cherchait un objet dans le ciel profond, à des millions d'années-lumière. Je le vois se faire des piqûres dans le ventre. Cellules souches de mouton. Se déchirer le nez avec de la colle. Ses lèvres ne portent aucune trace. Pas de muse, jamais embrassé, jamais tenu dans ses bras de femme dauphin, sans aucun défaut, sans hématome, sans griffure, immunisée, comme lui, contre les sentiments humains. Des filles auxquelles les gens se réfèrent en tant que chattes depuis leur naissance. Marilyn en perruque noire dans l'obscurité de Catalina, sur une scène aquatique avariée par la mousson.

Blondie n'a pas gradué les niveaux de violence dans les entraînements des WARRIORS. Il a ignoré les exigences didactiques de l'endoctrinement, celles des tactiques adaptées au contexte militaire. Il n'a pas exprimé la réalité des combats et les circonstances spéciales dans lesquelles la prochaine vague de WARRIORS doit mener ses attaques. Il les a représentés dans un univers plan comme des éléments flottant sans résonance, sans gravité. Un univers de cristal qu'un seul ACTE suffirait à pulvériser. Il n'a pas conscience que l'opération EAGLE CLAWS doit s'exprimer en additionnant chaque point, en créant des états de choc, des ruptures, des sensations d'humiliation par la répétition d'épisodes traumatisants en mesure de menacer, dans l'esprit des WARRIORS impliqués, le désir même de mener le combat. En reconstituant des scènes de guerre dans lesquelles les états-majors provoquent la haine de leurs troupes, dans lesquelles ils déshonorent leurs insignes et la Nation.

Mécaniquement, Blondie prend l'une des fioles posées devant lui, en caresse l'étiquette sur laquelle est inscrit Excalibur en caractères gothiques. Il ouvre le bouchon, inhale de la poudre, ferme les yeux, renverse la tête en arrière, ouvre les yeux. Il dit :

– Ils sont légion. Ils ne pardonnent pas. Ils n'oublient pas.

Immédiatement sous l'influence de la substance dont il vient de se charger, il désigne les images qui défilent sur les écrans devant nous. Il dit que la vacuité parée de ses plus sublimes aspects reçoit le nom de peinture. Il dit que l'instant le plus étrange et le plus beau de sa vie a duré cinquante secondes au quinzième étage d'une tour pendant un tremblement de terre. Il lève les yeux vers le plafond lumineux. Il dit qu'il ne dort jamais, que Vincent supervise son travail sans demander de changement. Qu'il sait en tirer profit. Qu'il prendra sur lui la redéfinition des paramètres de base de la nouvelle version. Le regard de Blondie se fige. Il semble éprouver le besoin de vomir. Les deux mains serrées sur la base de son fauteuil, il ajoute que le monde bouge, secoué par des mouvements imperceptibles, que le bruit, l'étrange crissement provenant du plus profond de la terre, les secousses lui transmettent des sensations inouïes dans le ventre et la tête, des sensations à la fois douces, souples et rigides, suscitant une émotion qu'il n'avait plus éprouvée depuis. Depuis sa naissance. Il dit que ses tremblements nerveux sont les effets secondaires des décharges d'adrénaline, qu'il ne sent plus rien sous ses bottes. D'une voix plus faible, il dit que le béton et le verre explosent autour de lui, s'effondrent dans un labyrinthe d'ombres et de destruction. Il murmure qu'il vit sans craindre des répliques ou d'autres séismes. Sa tête retombe sur son torse. Son torque le blesse. Une goutte de sang perle à travers son fond de teint. Ses yeux restent fermés.

Devant lui, je regarde un diaporama de captures d'écran représentant une cascade jaillissant dans un cirque montagneux. Un deuxième tableau créé par Blondie, dans lequel il se tient au centre d'un décor arctique. Une fille, poitrine nue, pantalon de camouflage des soldats des glaces, prend une position de tir, jambes écartées. Sa petite sœur en justaucorps de ballerine tient un AK47 à crosse repliée, canon posé sous son menton. Les deux visages semblent créés à partir de portraits des filles Poutine, leurs yeux légèrement bridés. Leur langue est percée d'une bille étincelante. L'une des filles reçoit une main radiante dorée pour accomplir des ACTES magiques.

BLOOD DEMANDS BLOOD
FEAR EATS THE SOUL
YOUR LIFE IS YOUR OWN

Blondie lève les yeux. Il recommence à parler, prétend qu'il est possible de voir la succession des jours dans les yeux des deux filles russes. Il dit qu'elles essaient de changer le monde, mais que les adultes leur crachent dessus. Il ajoute qu'il est sous pression, menacé par le vent, des hurlements suraigus, inarticulés, brûlé par la lumière, transpercé par le froid cryogénique du soleil hivernal.

Sur d'autres épreuves, Blondie a dessiné des ogives nucléaires, des missiles, en les visualisant de manière schématique, sans connaître leurs modes de fonctionnement. Il a imaginé la mort comme un événement abstrait, lointain, sans représenter les risques de sa proximité, au moment où les WARRIORS ne feront qu'un avec elle. Je ne lui demande pas qui, dans son équipe de développement, a supervisé les animations dont les défauts sont systématiquement compensés par la puissance sonore, la projection d'avatars dans l'espace, planant à l'horizontale, les bras le long du corps. Ce qu'il présente à ce stade ressemble à un roman-photo sans logique, une composition n'intégrant aucun impondérable de la réalité matérielle dans laquelle doit se dérouler l'opération EAGLE CLAWS. Il a confondu les objectifs auxquels les troupes sont assignées. Enfants bleus nageant dans le ciel comme des poissons japonais. Enfants dont la tête est couverte d'un sac en papier.

Beauté nue chantant les bras levés, debout sur un char soviétique calciné. Soucoupe volante. Zodiac. Pilote de F-16 Falcon de l'US Air Force s'éjectant au-dessus du golfe Persique. Terminal pétrolier de Mina al-Ahmadi explosant en orgues de lumières hollywoodiennes. Lance-grenades. Bazooka. Dans la chaleur du matin.

La poésie et les compétences techniques de Blondie sont inutiles. La nature et les finalités de l'opération exigent ordre, sécurité, hiérarchie. Il paraît incompréhensible que Vincent ait, jusqu'à ce stade, préféré l'immaturité de son génie à la simple efficacité d'un autre. Comme s'il avait décidé d'exclure la mort de la conscience de ses héros. Comme si la guerre devait être conduite sur un autre plan.

Sur le screenshot suivant, Blondie a représenté un vol d'oiseaux en mélangeant les centaines de couleurs disponibles avec une centrifugeuse. Une fille vêtue d'un ceinturon doré sort de la mer et s'avance à travers sept vagues. Elle tient à deux mains une épée qui se transforme en oiseau aux ailes de métal.

Séquence sans corps, sans visage. Téléportation de filles se battant au piolet sur un podium. Amazones en bottes rouge sang, minijupes à lanières. Beautés blondes en or. Diamants, limousines, ennemis tagués à des fins d'identification. Rebelles de Charles Taylor, Monrovia, déguisés en lions avançant parmi les cadavres des soldats et top-modèles qu'ils viennent de tuer. Enfant-Arlequin, au visage innocent, traversé d'un éclair, enlaçant son thorax de ses bras, compressant ses côtes.

Garçon aux yeux passés au khôl, la tête levée vers

des fusées SpaceX explosant dans la stratosphère. Plan d'eau, volcan en éruption. Pylônes. Adolescents en tenue de combat dessin digital. Armure de fantassin en nomex. Hanches et bras intégralement tatoués *AMERICA AMERICA God Shed His Grace*.

Soldat russe aux orbites vides, le visage couvert de lignes de camouflage. Champ-de-Mars. Tricorne. Étalon monté par un jockey portant un gilet de protection sur son torse nu. Prisonniers en combinaison orange, contraints de porter des masques à gaz et de rester des heures face contre terre.

Fille au crâne rasé dans une caverne de stalactites éclairée de feux d'artifice. Univers se désagrégeant en cauchemar cosmique, en mondes multiples, au-delà du système solaire.

Il n'y a aucun signe de vie dans le regard de Blondie. Je lui dis qu'il faut supprimer les effets d'opéra, que les personnages doivent devenir des militaires – exclusivement. Les scènes et les mouvements, organisés et accélérés sans effets spéciaux. Les WARRIORS ne devant jamais donner l'impression d'apparaître pour la première fois dans la matrice.

Blondie se recharge encore une fois.

IT IS TIME TO PLAY THE GAME
THERE IS NO GLORY ONLY BLOOD
HELLRAISER

Sur une feuille de papier, je dessine un schéma d'organisation latéral-frontal destiné à mobiliser les moyens les plus efficaces. Les principes fondamentaux de la guerre hors limite à intégrer dans le monitoring de l'opération EAGLE CLAWS. Pour les dépasser. J'écris : Omnidirectionnalité. Synchronie. Objectifs limités. Moyens illimités. Déséquilibre. Consommation minimale. Coordination omnidimensionnelle. Contrôle du processus entier.

En lisant ces termes, Blondie paraît plus angoissé. Son visage se fige. Ses mains tremblent devant lui sur le pupitre.

Je veux lui proposer de définir un climat émotionnel cohérent et positif, incluant des stéréotypes et des répétitions simples. Des paysages dessinés en perspective dans lesquels il peut y avoir des WARRIORS blessés, des filles de six ans en robe jaune ou des femmes voilées pendues à des grues. Absence de gore. Pas de sang, comme l'avait exigé Vincent. Pas de chevaliers d'Éon enharnachés, d'oiseaux géants, de vikings, de seigneurs écorchés. Préférer à l'horreur et à l'ultraviolence des scènes neutres dans des nuances de gris, de noir, dessinant les contours d'un monde plus technique. Se concentrer. Soutenir l'expansion de la présence et de la force physiques, augmenter l'attraction, le magnétisme, la tension, par économie d'effets. Pour que les WARRIORS soient réellement prêts à tout, que leurs gestes soient si assurés qu'ils les autorisent à traverser toutes les surprises pouvant survenir dans leur itinéraire meurtrier.

Blondie est insensible à ces arguments.

Je suggère de choisir de longues plages musicales, de

mixer de lentes montées vers des explosions massives, comme elles existent dans les jeux d'action et de tir. À moitié conscient, Blondie affirme que cette forme de puissance ne l'intéresse pas. Il dit que Vincent rend son travail difficile. Parce que sa mentalité n'évolue qu'avec la technologie. Parce qu'il est aveuglé par son rôle de héros fantastique en long manteau de cuir attendant le déferlement de ses WARRIORS, considérant leurs ACTES comme une apothéose pleine d'émois. Pouvoir de distorsion, pouvoir de contrôle. Expérience neurocognitive dans laquelle des enfants se jettent sur un banc de sable pour mourir. Pour lui.

Je garde les yeux fixés sur Blondie, toujours plongé dans un état second, s'affaiblissant devant moi comme si une créature buvait son cœur. J'hésite à prendre l'une de ses mains. Je lui dis que Vincent ne s'est pas trompé en le faisant entrer dans la tour. Pour intégrer ses qualités au mouvement qu'il avait initié et continuait d'influencer. Plongeant mon regard dans ses yeux vides, je lui demande ce qui l'effraie le plus. Deux secondes de silence. Il murmure que j'encours la mort là où je me trouve, qu'il la craint aussi parce qu'elle est invisible. En tremblant, il susurre qu'il n'a jamais voulu tuer, parce qu'il avait vu des chimpanzés se jeter sur un singe gris et blanc, le dépecer, le dévorer, jouer avec ses restes dans les arbres. Il se souvient de leurs cris assourdissants, de leurs yeux. Il dit qu'il aimerait oublier.

Je suis depuis deux heures avec Blondie. Je lui demande de voir des WARRIORS présentant leur ACTE.

En quelques manipulations, il fait apparaître sur les écrans des extraits de séquences transmises par les adolescents. Des scènes identiques à celles projetées par Vincent dans le grand salon.

GENE. F. 17. Une fille aux yeux immenses. Épaules athlétiques. Veste paramilitaire ouverte sur ses seins.

Je veux tuer le chorégraphe qui utilise toutes nos idées et nos improvisations pour son nouveau ballet, qui se nourrit de notre énergie et de nos corps, nous fait marcher sur des tessons de bouteille déversés sur la grande scène à damiers, défiler en uniforme rayé, rasées ou nues, brassard au bras gauche, étoile de David. Je veux l'abattre dans sa loge et le mettre dans un sac au milieu du matériel collecté pour le ballet : viande, sang, organes de bœufs et de truies. Je voudrais l'avoir au couteau pour faire couler des gallons de sang, pour le vider sans bruit. Seule victoire = la mort.

Blondie ne laisse paraître aucune surprise, aucune réaction devant la danseuse. Je lui demande de me mettre en contact avec JOY, en recherchant le pseudonyme de la fille qui m'avait excité en posant, couchée sur la Ford. Il ignore la requête. Il désigne le WARRIOR suivant, comme s'il le connaissait.

ALICE. F. 17. Cadrage serré sur de grands yeux verts et brillants. Élargissement du plan. Bouche couverte de grenat. Kimono imprimé d'un héron en vol. Sur le plan suivant, ALICE est assise sur le siège d'une limousine. Elle ouvre son kimono. Elle tend un verre de bourbon en jouant avec les cubes de glace. Elle sourit. Elle ferme les yeux en baissant la tête.

Je suis la fille la plus heureuse au monde. Ce n'est pas un trip. Ce n'est pas un film d'horreur. Ce n'est pas gratuit. Je ne me rappelle pas ce que mon père m'a dit. Je ne me souviens pas qui est ma mère. J'ai sept jours à vivre, sept manières de mourir. Je veux seulement frapper au hasard pour voir comment réagit la mort. L'amour n'est rien sans l'argent et les promesses d'en recevoir en échange de n'importe quelle prestation. Mes accessoires de luxe me permettent de triompher. Il n'y a pas d'obstacles. Absence d'expression sur mon visage funeste ou celui de ma CIBLE. Je veux aussi réciter le poème des ombres folles qui courent au bout de leurs désirs, qui ne pourront jamais assouvir leur rage loin des peuples condamnés, errant à travers les déserts comme des loups. Faites votre destin, âmes désespérées, fuyez l'infini que vous portez en vous.

Sans interrompre le défilement des WARRIORS, Blondie se recule sur son fauteuil. Il attire mon attention sur l'un des écrans en haut du mur lumineux. La journaliste d'une chaîne d'informations annonce un matricide commis par un garçon de seize ans. Elle précise que l'arme n'a pas été retrouvée sur le tireur, abattu sur la scène du crime par un policier en congé. Le garçon aurait menacé sa mère et lui aurait dit, avant de la cribler de balles : *Je te hais, sale pute, tout ce que je veux c'est ton fric ! Tu n'es personne !* Sa jeune sœur se plaignait d'avoir été régulièrement suspendue au plafond de sa chambre par l'assassin lorsqu'ils « jouaient à l'avion » avec des épingles à nourrice. Pendant ses vols immobiles, son frère l'obligeait à regarder Dieu. Il disait que le détachement mental rendait possibles les relations les plus intenses. Il lui ordonnait de traverser le ciel en priant de tout son cœur pour garder une chance de survivre. Elle avait une barre de titane dans la tête. Elle montrait une photographie de son frère. Elle disait devenir encore plus amoureuse de lui depuis qu'il était mort. Elle voulait faire un grand mobile humain dans sa chambre avec les filles qu'il ramassait dans la rue.

La couverture de l'événement se poursuit. Les images, les décors pâlissent, les gens deviennent progressivement plus confus, irréels. Lorsque je me retourne, je m'aperçois que Blondie n'est plus dans la pièce. Je n'attends pas, incapable de résister à l'appel des WARRIORS exposant les motifs et le mode opératoire de leur ACTE.

AÏDA. F. 17. Asiatique sexy. Cheveux peroxydés. Yeux noirs profonds. Jarretière et soutien-gorge bleu satiné, bas déchirés. Morsures sur les bras. Se filme à contre-jour dans un lent mouvement de manège à l'intérieur d'un mobile home meublé de fauteuils couverts de pop-corn. Dans le plan suivant, elle est couchée sur le dos. Elle ronge ses ongles peints en noir. Sa voix est très faible. Elle lève les yeux vers le ciel. Des larmes coulent sur son visage.

Mon père est obsédé par mon corps. Je ne ressens pas de colère lorsqu'il prend mes cheveux, lorsqu'il les embrasse en m'attirant sur lui. Parce que c'est bon. Parce que je jette mes bras autour de sa nuque, caresse sa tête, il dit que je suis froide. Parce que je dois venir à bout de la situation. Je sais comment je vais me comporter dans les runs. Marcher vers lui en tenant le pistolet chargé. Tirer dans son front. Le laisser au milieu d'un champ de maïs pour les sangliers. Le laisser descendre au fond du lac avec ses souvenirs noirs et les dieux. Il me verra le quitter. Il devra accepter de ne plus jamais me posséder, même une dernière fois avant de mourir. Exprimer ma force. Exprimer mon accomplissement. État d'épuisement. Je commence à éprouver des sentiments pour les personnes qui ont créé ce jeu.

KILLERMASK. F. 14. Mur de brique couvert de photographies et de lettres découpées aux ciseaux. Anorexique couchée, cheveux courts dressés, lèvres serrées. Bras le long du corps, tatouage passé à la flamme, main posée sur la tête d'un python. Les yeux de KILLERMASK cherchent la caméra. Elle sourit, peut-être à demi consciente. Elle se dégage de l'étreinte du serpent qui bouge et glisse sur son visage. Elle se retourne. Le python se déroule sur sa poitrine, descend sur son ventre, entre ses jambes. KILLERMASK ferme les yeux et les ouvre à nouveau, face à l'objectif, comme si elle attendait quelque chose de lui. Elle lui parle avec douceur. *Mon arme est magnifique. Elle est mon aspiration. Toutes mes copines me disent que j'aime les serpents et c'est vrai. J'adore la cruauté et la mort, être totalement en contrôle de mes gestes. Je voudrais manger Scum pour l'avoir en moi avant de passer à l'action sur ma mère. Ma mère a des pieds de bouc. Je ne resterai pas à côté du cadavre. J'échapperai à l'enfer. Je pénétrerai l'inconnu. J'embrasserai la bouche de toutes les putes tuées ou disparues. J'ouvrirai le sol pour les retrouver. Trouver leurs œufs, veiller sur eux jusqu'à leur apparition.*

PENTIUM. M. 18. Tête disproportionnée. Dents inégales limées au triangle. Phalanges tatouées d'hexagrammes. Pantalon militaire, bottes à lacets défaits. En arrière-fond, ciel japonais, rayons rouges sur fond blanc. Lorsque PENTIUM s'exprime, le grand disque solaire s'allume derrière lui. Sa lumière devient aveuglante. Elle noie la scène dans une lueur blanche qu'il est impossible de regarder.

Je veux voler. Devenir plus puissant que l'angoisse et le désir de me cacher. Harceler. Tirer à travers les murs et abattre un être abject d'une seule balle. Avant les cliniques psychiatriques, je sortais premier de tous les concours à l'école, la musique, les sports, la beauté. Mes parents se sont toujours comportés comme si j'étais le fils du ciel et qu'ils étaient eux-mêmes touchés par la grâce. Sans comprendre que nous ne sommes que débris, que je ne suis pas un prodige, que Jésus n'était qu'un flic. J'ai essayé de réécrire mon ADN. J'ai essayé de me tuer. Mon père s'endort chaque soir en visionnant des documentaires sur les gares de triage, les fours, les cheminées, les bergers allemands. Vingt millions d'étoiles dans la nuit. Toute la maison est organisée comme un camp de la mort. Holocauste dans l'abri atomique. Solution finale pour mon père qui s'amuse à exécuter les garçons-poupées sans yeux et sans bouche. Tenir Wotan à genoux et le forcer à se souvenir de chaque crime qu'il a regardé pour jouir. Je vais le happer, le déchirer, le dévider sur la pelouse du jardin comme une bête liquide, tremper la pelouse de son sang. Réciter un chant de mort, scander son nom. Il n'y aura pas de bruit. Il sentira ma vengeance s'accomplir jusqu'au bout sans un gramme de Vicodin. Annuler mon père. Tuer la construction. Détruire ses visions, ses mensonges, l'horreur.

SUPERLOVER. 17. F. Dans un environnement très sombre, fille à l'air innocent devant un gâteau de mariage de douze étages. Dans une deuxième prise, silencieuse, sur son lit en survêtement de sport gris. Elle s'approche d'un ours polaire en peluche. Elle appuie deux doigts sur la tempe de l'animal. Elle le serre, pose ses lèvres sur son pelage délavé. Elle dit qu'elle essaie de ne pas tomber amoureuse de lui. Dans une troisième séquence, SUPERLOVER revient déguisée en oiseau à long bec. Elle tient quelque chose dans le creux de son aile. En l'ouvrant, elle relâche un grand papillon dont les couleurs semblent artificielles.

Je suis vierge. J'en suis fière. Je considère cet animal et moi comme une seule entité. Parce que le monde appartient aux codeurs, je peux entrer dans la constellation d'Orion. Galaxie NGC 4631 dans les Chiens de chasse. Je suis la première assistante d'un artiste célébrissime dans la profondeur de la stupidité. Da Vinci de l'égoïsme. Mettre une balle dans sa tête de saint qui mendie l'attention et les dollars des gens qui s'ennuient, exploser son regard après avoir accepté de passer une dernière nuit avec lui dégoulinante d'huile de palme dans l'atelier numéro 9. Lui faire bouffer de la nourriture pour chats. Pas de temps à perdre avec lui. L'acculer à le lacérer au cutter. Élargir, extirper ses entrailles et les jeter aux félins. Révulser ses yeux pour que la mort lui trouve un nouvel acheteur. Personne ne me dissuadera face à lui. Je me transcenderai, je cesserai d'être humaine pour le démolir. Je serai son pire cauchemar, j'utiliserai sa peur, je serai le symbole, je serai sa mort.

DONATELLA. F. 13. Fille hypersexuelle, poitrine gonflée, lèvres serrées en direction de son ordinateur vers lequel elle tend le bras. Les lumières de la chambre s'éteignent. Un gyrophare bleu commence à tourner silencieusement.

My rape poem. *Je rêve de sensations de faim. Je rêve de douleur. Je rêve de mariages de prestige. Donne-moi l'amour ! Donne-moi la vitesse ! Rêve d'un homme qui se fait couper la nuque. Il me regarde. Je vois un autre homme de la production défoncé tomber comme un pantin dans les escaliers du studio. Je propose mes services sur des sites de type Craigslist. J'ai des milliers de noms d'hommes et de femmes. Je ne veux plus être une porno star comme je rêvais de l'être petite, je ne veux plus être votre esclave, je ne veux plus saigner, je ne veux plus être une chanson d'amour. Je vais choisir un client au hasard pour accomplir mon* ACTE. *Je vais lui dire ce que je fais. Braquer mon baby-gun sur sa tempe. Trois* facials for baby. *Continuer à vivre pour que cela ne cesse jamais.*

TOTALRECALL. M. 19. Superbe tête africaine très noire. Yeux noirs. Crinière noire. Voix profonde et calme. Veste de cuir rouge. Large chaîne. Pantalon de skaï aluminium. Fait le signe de la victoire de la main droite.

Je pense à la mort tous les jours. Mon corps félin est connu sur toute la planète. Débuté par des films X avec des bodybuilders gonflés aux stéroïdes anabolisants pour les rendre plus agressifs et violents dans les scènes. Simplement acheter le plus gros flingue possible dans une armurerie Gun Unlimited Network et me venger dans la lumière de la mort. Tuer en maître mon esclave, hégémonie du culte auquel j'appartiens depuis que je la connais. Maintenant, je sais pourquoi. En un éclair. Je suis tellement attiré par elle. Je vais accomplir un miracle. Bang ! Couper sa langue pour vérifier si la galaxie se reflète dans son sang. Comme elle le prétend. Comme le futur l'exige. Son visage figé par la peur se détourne, ses yeux vides, son âme disparaissent. Ses yeux se ferment pour l'éternité.

BLOODDIAMOND. M. 16. Garçon aux longs cheveux argent. Lunettes noires mouche. Musculature de karatéka. Il lève son sabre de samouraï, puis le descend très vite sur des objets qui se brisent autour de lui.

Je crie Démolition *en direction de la* CIBLE, *à genoux sur la terre. Les sentiments humains ne satisfont plus mon désir. Je veux passer à d'autres sensations. Nous avons couché plusieurs fois sans qu'il ne me dise jamais son nom. Le matin, il y avait un autre garçon dans mon lit, un type qui lui ressemblait. J'adorais son corps, mais je ne comprenais plus. Placer mon sabre dans sa petite bouche. En finir. Scène de butô dans laquelle un homme simule la mort, la tête renversée, souriant, les mains attachées derrière la tête.*

RAVEN. M. 19. Adolescent blanc caucasien, laid, porte de grandes lunettes de styliste, vautré sur un lit défait. Souffle verticalement la fumée d'une cigarette. La séquence filmée s'accélère. Le lion mongol tatoué sur son pubis épilé est caché par ses testicules gonflés et son sexe en érection. Après un saut d'images, il tient dans une main un grand joint allumé et un pistolet de tatouage. Un porc adulte vient à lui et le renifle. RAVEN le caresse amoureusement pour qu'il retrouve sa forme humaine. Il enlève ses lunettes pour frotter ses yeux rougis, gonflés par les larmes. Sa bouche reste fermée un instant, puis il énonce les enjeux de la situation en suivant le rythme irrégulier de percussions.

Je vis avec un porc hawaïen. Difficile de parler de plaisir. Son nom est RAVEN. Mes expériences avec lui sont vouées à l'échec. J'aimerais aller plus loin, traverser son âme de part en part et tirer une pluie d'étoiles sur son dos. Lui bander les yeux au chatterton, entraver ses pattes avec un collier de serrage. Hypocrite ! Je vais gerber.

MARIE-A. F. 17. Visage aristocrate, chevelure blonde. Vénus sortant d'un coquillage.

J'ai mal à l'estomac, je suis obsédée par mes extrémités. Je vis dans une maison de trente-six pièces. Il y a des armes à feu partout. Mon psy prétend qu'il peut lire dans mon esprit. Il dit qu'il devient mon esprit en le pénétrant parce qu'il est A-mour. Il m'a baisée en me plongeant dans l'obscurité après m'avoir fait avaler un philtre sur la moquette de son cabinet. Le sérum de domination m'a fait planer comme si j'avais inhalé de l'azote. Je me suis sentie entrer dans le coma, je devenais vulnérable d'une manière très douce et agréable. Il n'a même pas essayé de me réveiller. Il a attendu que je me réveille devant lui. Je me suis levée. Je suis sortie de son cabinet en tenant mes vêtements et mon sac. Je me suis habillée en bloquant l'ascenseur avant d'en sortir devant le concierge de l'immeuble. Sur Rodeo Drive, j'ai croisé Bret qui a fait semblant de ne pas me reconnaître et j'ai fait pareil. Je déteste les enfants gâtées. Maintenant, je vais faire payer le psy au doigté magique. Mon rêve sera son enfer. Je cacherai le couteau, je m'avancerai vers lui quand il sera encore couché, je baisserai doucement la lame sur son ventre et la ferai glisser de l'estomac jusqu'au cœur et je la retirerai d'un coup sec hors de sa cage thoracique. Ouvrir son corps efféminé, lacérer son corps de Barbie, graver mon nom sur son front, l'entendre gémir quand j'enfoncerai encore une fois la lame à fond, jusqu'au bout. Sa bouche se déformera pour différer l'agonie, mais ses yeux, cette fois, resteront fermés. Que ferait le pervers à ma place ? Me prescrire plus de pilules argent ?

STARMAN. M. 19. Garçon métis athlétique, cheveux courts. Manteau ouvert sur le torse, pantalon de cuir noir, ceinture à grosse boucle et bottes de motard. Lève le poing.

On a tous un prix. Je veux vivre pour manger sans avoir faim. Je suis en feu. Préméditation. Enfoncer un flingue dans le corps de ma femme. Zéro tolérance pour les Blanches. La coucher dans le sarcophage à UV. Elle ne criera même pas. Seulement des halètements. Ses yeux cherchant mes yeux. Elle ne sera pas préparée à cela. Elle ne sentira pas la longue giclée blanche et brûlante dont j'aspergerai son ventre et sa bouche.

MEATCLEAVER. M. 17. Se filme dans une salle de bains pleine de barils de protéines. Peau vert pâle. Yeux violets, rétines jaunes. Semble doté d'un larynx artificiel. Un fusil d'assaut CAR-15 dans la main droite, canon pointé vers le sol.

Fontaine de sang pour me sentir vivant. J'admire les êtres froids et dangereux qui conquièrent le monde et les ténèbres. Les journalistes, les présentateurs et les SWAT seront dépassés par mon ACTE. *Ils demanderont à être remplacés en suppliant. Et ceux qui les remplaceront seront à leur tour dépassés et il n'y aura plus rien. Les jours de l'ennemi sont comptés. Lorsque j'ai peur de la mort, j'affronte cette peur en m'immergeant en elle. Effets visuels. Je vois une rivière et des cascades, je pénètre l'obscurité. Les flèches de la ville déchirent la nuit. Je n'abandonne pas. Jamais. Je regarde la peur, je la laisse me traverser, je tue.*

LADYLOVE. F. 15. Cheveux violets, lèvres bleues tumescentes. Yeux gonflés. Doudoune blanche à col en fourrure. Plan 2 : chiot pressé sur sa poitrine nourri au biberon. Plan 3 : LADYLOVE joue avec un fusil à pompe Savage-Springfield, calibre 12. Elle le pose. Prend un rasoir et donne un coup de langue sur le fil de la lame. Des gouttes de sang apparaissent sur sa langue et ses lèvres. Elle passe le bout de ses doigts sur ses lèvres. Elle les lèche.

Je ne suis pas la fiancée. Je suis ultramoche. Je suis rude. Je suis boudinée. Je suis lesbienne. Je suis nympho. Je vis en bête de foire. Je prends du poids. Mon nom est LADYLOVE. Je voulais un rôle physique, je l'ai. Ni dope, ni amour, ni sexe. Plus de sucre. Ne plus jouer au docteur. Je veux détruire le monde qui me menace, en commençant par dynamiter mon ex qui a posté des dizaines de photos de moi à quatre pattes sous la douche. Je suis sûre que la bête a peur de se faire matraquer la gueule. Je ne suis peut-être personne, mais elle est déjà morte parce que je m'entraîne durement. Je vais entrer un revolver Engel dans son anus diabolique. Je sucerai les dernières gouttes de son esprit en l'obligeant à me lécher pour la dernière fois. Dernier instantané. Et le sang coulera de sa bouche en formant des bulles de plus en plus petites jusqu'à ce qu'il ne reste plus une goutte. Tu peux crever. Tu me manques.

J'ai visionné une centaine de présentations de WARRIORS dans la nuit. Blondie n'est pas revenu dans le laboratoire. Je ne savais pas où il était. J'ai appelé un agent de sécurité pour qu'il me raccompagne à ma chambre. J'ai dormi. J'ai rêvé que j'étais retenu au sommet de la tour. Il n'y avait personne, aucun bruit, aucun mouvement sur la grande terrasse. Le temps était représenté par une projection géométrique dans laquelle il s'accélérait et se cassait comme de la faïence. Je me suis réveillé. Je me suis rendormi. Dans un nouveau rêve, des centaines de poltergeists assiégeaient la tour. Les silhouettes blanches donnaient l'impression de ne pas se connaître, de ne pas communiquer entre elles. Pourtant, leur assaut triomphait rapidement du pouvoir concentré dans l'édifice.

Lorsque je suis reconduit dans le laboratoire du troisième sous-sol, Blondie se tient devant des écrans qui montrent des adolescents dansant sur les tables et les banquettes d'une discothèque. Les puissantes basses de la techno soutiennent les corps lorsqu'ils perdent l'équilibre. Certains corps tombent sur le sol, couvert de miroirs comme les murs et le plafond. Il y a des gâteaux d'anniversaire, des seaux à champagne Godzilla, des magnums de vodka, des boîtes de caviar entamées, des pizzas. Un serveur découpe un homard vivant, sur lequel un autre employé fait couler une cascade de Guinness. Il se coupe, il saigne. Des garçons plus jeunes grimacent devant des filles vêtues en pom-pom girls ou déguisées en cygnes. Les plus angéliques dansent à la barre verticale, puis s'avancent à genoux et prennent les sexes des garçons dans leur bouche. Elles les secouent et les sucent de manière conquérante. Une fille aux longs cheveux noirs, le buste couvert d'hémoglobine, poignarde une bête sans réussir à la tuer. Elle laisse l'animal blessé, tente de s'éloigner, mais elle est rattrapée et contrainte de rester dans la fête amnésique qui se poursuit, jouée par des acteurs sans talent. La caméra revient sur la fille qui touche la pointe de ses seins de l'extrémité de ses doigts, comme si elle les découvrait elle-même à cet instant. L'image devient floue. La fille en gros plan sourit, le regard apaisé. Elle est enveloppée de fumigènes. L'éclairage du club est coupé, les écrans sont zébrés de lignes grises et blanches.

En me concentrant pendant plusieurs minutes, les yeux ouverts ou fermés, je visualise ma progression vers le fondateur du système. Plusieurs fois, dans une variété de séquences mentales, je me trouve en situation de tir direct dans le grand salon. Vincent s'avance de face, de profil, il est derrière moi, à côté de moi. Sa silhouette s'immobilise, tombe, surgit devant moi, les bras tendus. Je tire au centre du cœur. Je le domine en vitesse d'exécution, je le regarde mourir sur le grand tapis aux schémas orientés.

Blondie a quitté le laboratoire. J'imagine qu'il ne reviendra pas. Je l'imagine poursuivre son voyage dans un univers minimal où sa perception esthétique augmente sans fin. J'imagine des milliers d'adolescents surdoués, fébriles, forcés de collaborer à des programmes neuroscientifiques dirigés par des investisseurs privés. J'imagine comment ils sont endormis, touchés, pénétrés, embrassés, réveillés, excités par les personnes exerçant leur pouvoir. Comment les plus candides se transforment en rêve, entrent dans des pays enchantés leur faisant perdre tout contrôle sur eux-mêmes.

Isolé de la lumière du jour et de la nuit, je continue pendant les vingt heures suivantes à recomposer et coder les stages d'entraînement préparant à l'opération EAGLE CLAWS. Toutes les interfaces graphiques dessinées par Blondie sont simplifiées pour la réalisation des objectifs réels. Je ne pense pas à ma fonction au sein du programme, je ne pense pas à ce que je désire. Je me concentre sur les dispositions des personnes sollicitées pour identifier et exécuter des CIBLES. Sur leurs traitements. Je fais abstraction du rôle de Vincent qui ne se manifeste plus, demeurant prêt à riposter s'il provoquait lui-même un affrontement.

Les événements s'accélèrent peu avant deux heures du matin, lorsque les portes de l'ascenseur s'ouvrent et que le garde du corps de Vincent m'intime de le suivre. L'homme tient une arme, mais il ne la braque pas sur moi. Il prononce le nom de Hurley. Je lui demande d'attendre un instant. Je sauvegarde les dernières modifications apportées à mes dossiers. Je m'assure que le SIG se trouve dans la poche de ma veste. Je me lève et rejoins l'homme qui bloque les portes de l'ascenseur.

Après les longues heures passées assis, sans manger, sans dormir, la descente est vertigineuse. Je suis aveuglé par la lumière inondant la salle de deux étages au centre de laquelle se dressent, protégées par des vitrages blindés, les rangées de serveurs du système.

J'avance sur la galerie d'acier. Les portes de l'ascenseur se referment. L'homme a disparu derrière moi. Sans transition, un cri déchirant résonne entre les parois de béton. À une vingtaine de pas, de l'autre côté de la cloison pare-feu, Vincent, debout face à Hurley, lui écrase la tête contre un mur. L'épaisse protection de verre empêche toute intervention. Hurley laisse tomber un pistolet doré sur le sol. Avec une violence inouïe, Vincent la frappe au visage. Ses yeux s'ouvrent deux secondes après le choc. Son regard laisse penser qu'elle a peut-être voulu surprendre Vincent pour le tuer et qu'elle est encore dans cette disposition d'esprit. À cet instant, avec plus de force, Vincent l'atteint d'un double coup de genou au ventre et au visage lorsqu'elle se penche en avant et s'affaisse. Vincent la retient. Relevant sa tête, la plaquant, encore une fois, contre le mur, il la frappe avec le canon de son arme. Elle tombe lourdement sur le côté, les bras étendus en avant.

Je prends le SIG en main et tire en visant la nuque de Vincent. La déflagration est amplifiée dans le volume de béton, la balle s'écrase sur le verre blindé, rebondit, plus bas, sur le sol avec la douille. Surpris, Vincent se retourne aussitôt vers Hurley, qui tente de se dresser sur un coude. Sans retenue, il percute sa tête avec son talon. Le coup la fait retomber sur le béton, provoquant des contractions abdominales et un jet de sang par la bouche. Elle crie. Vincent la prend par les cheveux, projette sa tête, l'écrasant contre le mur qui se couvre de sang plus foncé. Puis il la soulève pour la faire tenir debout, plaquée contre la paroi. Avec la crosse de son arme, il frappe le haut de son crâne. Hurley s'effondre. Alors, Vincent s'agenouille et porte son arme sur son front. Haletant, il lui demande de faire un vœu, il appuie sur la détente. La tête de Hurley disparaît dans un nuage de poudre.

Des sons étranges et vides résonnent dans la salle. Mais je n'entends plus aucun hurlement. Je distingue Vincent qui déshabille Hurley en quelques mouvements rapides. Lorsqu'il la retourne sur le ventre et descend son jean, j'aperçois, sur ses reins, l'aigle tatoué dont j'avais embrassé les ailes ouvertes, dans la nuit, à Abu Dhabi. Complètement nue, couchée sur le ventre, Hurley est prise d'une dernière convulsion. Elle gémit.

Vincent se rapproche de son visage, le soulève et le tourne dans ma direction, les lèvres et les paupières ouvertes. Vincent inspire, pose son front, une seconde, sur le visage déformé de Hurley, avant de se redresser, son arme pointée dans ma direction. Il vise, mais ne tire pas. Il se comporte comme s'il était seul, protégé par le blindage des panneaux de verre. Il se dirige vers l'extrémité opposée de la salle souterraine, descend les marches d'une échelle métallique et disparaît, au fond du puits, derrière une porte étanche marquée d'un grand F rouge.

La mort de Hurley provoque un effondrement. Cette sensation de vide s'intensifie lorsque je m'immobilise, arme en main, à l'entrée du laboratoire. Je n'ai rencontré aucune opposition dans les escaliers. La pièce est absolument silencieuse. Blondie, qui ne semble pas avoir été menacé, est assis devant son pupitre, le regard fixé sur des écrans allumés. Il a rasé ses cheveux sur les côtés et porte une casquette d'officier SS décorée d'une tête de mort et d'insignes nazis. Son visage a l'aspect translucide d'un chat égyptien. Un tympan bionique est visible dans son oreille externe gauche. Sa voix est presque exaltée.

– J'assure la convergence des WARRIORS. Ils sont en route. Je les ai réveillés pour qu'ils accomplissent leur raid cette nuit. Je supervise leur situation, leur mouvement en temps réel, position par position.

– Quelles positions ?

– Vincent m'a demandé de maximaliser la compression des ACTES. Il y a eu un problème avec Hurley. Il m'a appelé il y a vingt minutes pour dire qu'il y avait un problème avec elle.

– Il t'a dit qu'il était encore dans la tour ?

– Il m'a dit qu'elle était avec lui. Il a dit qu'il l'emmenait avec lui, qu'il était dès maintenant en mesure de frapper. Il a déclenché un orage solaire pour perturber le champ magnétique et les systèmes de télécommunication. Pour lancer l'opération. Il m'a dit que je paierais à la place des WARRIORS si je n'assumais pas les fonctions du centre de commandement transférées ici. L'onde de choc va commencer.

De nouveaux signaux apparaissent sur les écrans de vision devant Blondie. À l'exception des graphiques de géolocalisation des cartes sur lesquelles progressent des points actifs, la pièce est plongée dans l'obscurité. Blondie rit nerveusement. Secoué par un frisson, il dit que les WARRIORS vont accomplir leurs ACTES avant que le soleil détruise leurs veines, le sang et la chair dont le Seigneur leur a fait cadeau. Il a rappelé que ses divisions étaient indestructibles. Qu'elles avaient pleine conscience de leurs ACTES, qu'elles s'élevaient au-dessus des autres, à l'intérieur et au-delà de l'arène. Dans le ciel, sur terre comme l'eau jaillissant en une vague mortelle.

Si Blondie a pu atteindre les WARRIORS dont il prétend analyser les trajectoires sur ses écrans, je doute que Vincent ait décidé de lâcher les adolescents trois jours avant le terme de leur préparation. Il semble encore moins probable qu'il ait chargé Blondie de gérer le suivi de l'opération. J'ignore comment il a pu réveiller les WARRIORS pour les rendre immédiatement opérationnels. Comment il communique avec eux au risque d'être tracé. Je me demande comment, plus de soixante-douze heures avant Halloween, la plupart d'entre eux, surpris dans la nuit, accepteraient et géreraient une augmentation des risques. En devenant suspects pour l'ordre public dans leurs déplacements. En ajustant ou modifiant le plan de leur mission.

Si Vincent a réellement ordonné de diriger les WARRIORS sur leur objectif, il est improbable que Blondie puisse gérer des informations lui permettant de garder l'initiative pendant le déroulement complet de l'opération. Sans interruption. Faisant exécuter des ordres, des corrections dans le tableau de marche, réussissant à imposer l'intégralité des principes nécessaires au succès de la stratégie imaginée par Vincent. Bien que je les voie conceptualisés par des dizaines de points lumineux sur des cartes détaillées de Reno, Portland, Los Angeles, San Francisco, des quartiers de banlieues, d'agglomérations mineures ou de zones presque désertes, il m'est impossible de vérifier la réalité des rapports de localisation.

Je recule pour prendre de la distance. Il était difficile de penser que le comportement de Hurley ait décidé Vincent à restreindre l'ampleur de son projet en acceptant d'en voir diminuer les résultats nominaux. Mais ce réflexe aussi, en fonction de sa personnalité, s'il était relativement surprenant, ne pouvait être exclu. Vincent avait pu espérer trouver un avantage en avançant le début de son opération. Ces réflexions traversent mon esprit comme le flash corail qui avait frappé le visage de Hurley lorsqu'il avait tiré sur elle et l'avait fait disparaître un instant.

Je demande à Blondie de me prouver que Vincent est encore dans la tour.

Il hésite. Pour éviter de répondre, il met sa casquette d'*Oberleutnant* devant sa bouche. Il murmure qu'il perçoit une course dans le noir. D'un geste nerveux, j'avance mon arme, presse la bouche du canon sur sa nuque et l'appuie jusqu'à ce que je sente un craquement dans sa colonne vertébrale. Jusqu'à ce que ses mâchoires commencent à s'entrechoquer. Je lui ordonne de me donner le contenu de ses échanges instantanés avec les WARRIORS. Lorsqu'il essaie de remettre sa casquette, se penche en avant, les yeux fixés sur son clavier pour ignorer ma demande, je lève le bras et frappe sa nuque avec mon poing. Il se plie en avant et, presque simultanément, tous les écrans s'éteignent.

Vidé de son énergie, Blondie relève lentement le menton. Il murmure :

– Les tempêtes menacent. S'ils ne se réveillent pas. Tout s'embrase. Presque le matin.

Je prends mon téléphone dans la poche de ma veste. Je l'allume. Je fais défiler les numéros en mémoire. Sur le seul poste du bureau, je compose le numéro de Candy, l'assistante de David.

Il y a une dizaine de sonneries. Candy répond. Elle ne paraît pas surprise. Elle sait que Vincent a quitté la tour. Elle me demande de lui confirmer que je m'y trouve encore. Avec Blondie. Elle me dit d'attendre.

Blondie redresse la tête en se tenant la nuque. Il rallume un à un les écrans sur lesquels il recommence à interpréter les images et les communications. Comme s'il s'adressait mentalement aux WARRIORS pour qu'ils concentrent leur rage. Il leur parle à voix basse sur un ton légèrement incantatoire, affirmant qu'ils ne risquent pas de se perdre, que le canal reste ouvert en permanence. Qu'ils sont tous polarisés vers leur CIBLE.

Candy rappelle. David me demande de laisser Blondie suivre les instructions qu'il a ou non reçues. Elle me dit ne pas savoir si Blondie est actif. David veut que je sorte de la tour pour rechercher et supprimer Vincent. Je dois me rendre devant le nouveau centre de la branche résurgente de la Kabbale, construit sur l'avenue, au pied de la tour. Une personne en attente me prendra en charge pour continuer la mission. Elle me souhaite bonne chance et raccroche.

Blondie me regarde comme s'il ne me connaissait pas. Je sors de la pièce et je prends les escaliers qui montent vers le premier sous-sol.

Dans le parking éclairé par des voyants jaunes clignotant dans le sol, je ne remarque aucun mouvement. Je ne rencontre aucune résistance. Dès que je m'en approche, la porte latérale s'ouvre lentement sur la voie d'accès extérieure. L'air est froid, chargé d'humidité.

Parvenu au sommet de la rampe sur laquelle le bâtiment dessine son ombre, je rejoins rapidement la chapelle de la Kabbale. À quatre heures du matin, une douzaine de personnes habillées en blanc quittent l'établissement. Un nouveau-né crie au moment où les adeptes montent dans trois Escalade noirs.

Moins d'une minute plus tard, le prototype que j'ai convoyé pour David surgit sur l'avenue. La Ford fait demi-tour et ralentit. Le râle du moteur diminue. Le véhicule s'immobilise. Je m'approche, arme en main, lorsque la vitre descend. La fille qui est au volant me dévisage en gardant un pistolet pointé sur moi. Elle ouvre la portière, qui griffe le bord du trottoir. J'entre dans la voiture. JOY ne dit rien. Elle passe vite les premiers rapports en faisant mugir le moteur. Elle semble à la fois plus jeune et plus éprouvée qu'elle ne le paraissait dans les séquences projetées par Vincent. Je reconnais la cicatrice qui marque le bord de sa lèvre supérieure et les diamants brillant entre ses longues mèches noires.

Au premier feu, elle sort un GPS mobile de son blouson de cuir. Nerveusement, elle indique que la position de Vincent est symbolisée par un V et que la distance qui nous sépare de lui, à cet instant, est maximale. Elle ajoute que cette distance ne remettra pas en cause le déroulement de l'action engagée contre lui. Elle avale de la salive. Elle dit qu'elle appartient au château. Elle est l'animal dressé par David. Le plus dangereux de tous. D'un regard, elle désigne la banquette arrière sur laquelle sont posées des armes de guerre automatiques. L'implication de JOY multiplie le désir de tuer. Cette sensation m'envahit comme un liquide. Tuer, comme seule expérience spirituelle alors que nous glissons sur l'autoroute à la hauteur des abattoirs du Meat Market, dépassons la cathédrale de lumière. Lorsqu'une voiture de police nous dépasse à toute vitesse avec sirènes devant Pershing Square, les traits de JOY deviennent plus durs, sa respiration s'accélère. Elle cherche et allume une cigarette. Elle affirme suivre l'itinéraire le plus direct pour traverser Bel Air. Avec mépris, elle ajoute que la position de Vincent dans Stone Canyon restera fixe. Elle répète qu'elle veut le tuer parce que la mort est le seul but. En le cernant dans les infrastructures appartenant à David, dans l'ancien réservoir hydraulique qu'il a fait transformer en studio de production. Elle précise que des ingénieurs et des techniciens ont construit des décors entre le fond du réservoir, la structure métallique et les panneaux de cellules photovoltaïques qui le recouvrent. Vincent a surveillé le déroulement des travaux, fasciné par le site sur lequel il se rend chaque jour. Elle dit que David assure la plupart de ses déplacements. Comme ce soir dans son décor au bout de la vallée des poupées éviscérées.

Je me souviens d'avoir couru entre les collines le long des deux réservoirs avant qu'ils soient mis en vente par l'État de Californie et que leur réhabilitation, d'abord officiellement contestée, ait profité à des investisseurs asiatiques. Situé sous Mulholland Scenic Parkway, le domaine était formé d'un grand bassin de rétention aux contours accidentés et d'un deuxième, plus petit, conique, mieux protégé contre les menaces terroristes qui avaient, depuis plus d'une décennie, condamné ce type d'exploitation.

JOY quitte l'autoroute pour s'engager dans Heartbeat City. Elle roule quelques minutes entre les tours de Century City, à travers les golfs et les parcs, les propriétés résidentielles et les lots des sociétés de production. Sur K Avenue, la circulation est bloquée par une équipe de tournage. JOY fait demi-tour, dispersant une nuée de corbeaux au milieu des restes de menus Burger King. Son téléphone sonne dans une poche de son blouson. Elle le prend, regarde l'écran. Elle ne répond pas.

Il est cinq heures vingt-trois. Moins de quarante minutes avant l'heure fixée par la procédure initiale, confirmée pour la réalisation anticipée des ACTES.

Sur le GPS, notre point de destination passe de nord-ouest à nord-est. La route s'élève et devient très poussiéreuse en progressant dans la forêt couvrant le bas de la vallée. Tous feux éteints, nous poursuivons sur un chemin de terre, longeant le réservoir inférieur pour parvenir devant la digue de l'ancien bassin de rétention. De grandes souches noires sont renversées et déterrées de manière irrégulière. Un tronc calciné par la foudre se dresse comme une couronne géante. Il me semble voir danser, au centre du cirque nocturne, une tache laser rouge. JOY ne réagit pas. Tout est sombre et silencieux autour de la voiture qu'elle arrête entre des machines de chantier couvertes de projections de peinture. Nous sortons, l'un après l'autre, arme au poing. L'atmosphère est moite, pleine d'insectes, chargée d'émanations chimiques ou d'odeurs d'algues putréfiées. Deux vans Mercedes noirs sont garés le long du double grillage de sécurité surmonté de barbelé. Ils sont fermés. Les moteurs dégagent de la chaleur. Il n'y a pas de lumière, aucune balise, aucun signal. Un 4 × 4 est arrêté devant l'entrée de la digue de béton. En avançant, je remarque un homme couché dans le gravier, le crâne baigné de sang, pulvérisé. Le corps se déforme de manière accélérée comme une flaque de sang ou d'essence qui disparaît dans le sol.

JOY a un mouvement de dégoût. Sur un ton haineux, elle affirme que Vincent est à l'intérieur. Elle vérifie son chargeur, elle dit qu'elle va rester en guetteur pour assurer mon entrée dans la zone. Je me méfie de la détermination brillant dans ses yeux. Je fais monter une balle dans le canon de mon arme. Je demande à JOY de couvrir mon entrée dans le mur de ciment. Elle acquiesce. Pointant son arme vers une caméra de surveillance mobile, elle m'indique de prendre le premier couloir à droite après avoir franchi l'accès ouvert dans l'édifice. Puis elle prend position entre les véhicules.

Passé un sas de sécurité à l'intérieur du dispositif, j'emprunte un tunnel aux parois lisses, comme une galerie de lave qui descend sous le grand bassin transformé en studio. Les bruits sourds se propageant au-dessus de moi résonnent avec plus d'intensité au fur et à mesure que je monte les marches s'élevant à la hauteur du plateau principal. L'air est plus chaud. De très fines gouttes se déposent sur mon visage, le plafond qui s'abaisse et se resserre progressivement. Je marche plié en avant, suivant une corniche qui court le long du corridor. L'eau est tiède, chlorée. La luminosité augmente lorsque je parviens dans une cavité à l'extrémité de laquelle s'ouvre une meurtrière horizontale. Je m'avance. Je découvre, en surplomb, une crypte asymétrique formée d'un plan d'eau très sombre, d'une plage de sable entourée de blocs de béton et de rochers abrupts peints en strates noires.

Des blocs de spots éclairent le centre du décor où se tiennent une douzaine d'adolescents, debout dans l'eau, silencieux. L'éclairage ne laisse aucune silhouette ressortir individuellement. Tous les visages se réfléchissent dans les mêmes lueurs instables des réflexions aquatiques. Aucun cri. Aucune parole. Mes pulsations s'accélèrent quand Vincent apparaît sur la plage. Il est nu. Il entre dans l'eau et rejoint des WARRIORS qui l'attendent, dispersés autour de lui. La luminosité décline, l'espace reste, comme une île, balisé de points scintillants et flous. Vincent s'approche d'une fille. Il prend son visage dans ses mains et embrasse ses lèvres. Elle le regarde fixement alors qu'une autre fille ceint ses épaules pour l'éloigner. Les deux filles apparaissent un instant de face, dans un nouveau cercle de lumière, avant de plonger et de surgir plus loin, agitant la surface de l'eau de leurs bras comme si elles avaient peur de se couper.

Des flashs stroboscopiques accentuent le rythme des vagues sur la plage, puis la crypte est plongée dans une atmosphère plus obscure. Un long cri retentit. Une adolescente couverte d'argile se positionne devant Vincent. Elle rejette son crucifix entre ses omoplates. Elle soulève ses seins, commence à les masser en regardant Vincent. Il s'avance, pose ses mains sur sa nuque et l'attire contre sa bouche. Sa langue descend entre ses seins, sur son ventre, puis il l'abandonne.

Au même instant, trois garçons couchés sur la bande de sable se lèvent et entrent dans l'eau. Lentement, ils s'approchent de Vincent. Ils acceptent ses caresses, les recherchent. Les incisives de l'acteur brillent à l'instant où il ouvre la bouche pour embrasser et mordre les garçons. Son visage autoritaire, ses yeux deviennent plus froids. Ses ordres plus contraignants. Il fait signe aux adolescents de se disperser.

À la fille-papillon qui les remplace et vient prendre sa gorge de ses mains, Vincent ordonne de nager vers la plage. Insistant, elle resserre son étreinte pour l'étrangler. Il se dégage, mais il est aussitôt maîtrisé et entraîné par des garçons qui l'immergent, faisant disparaître son torse sous l'eau. Sans un geste de panique, ils noient Vincent dans les fonds aveugles du bassin d'où remontent un frémissement et des bulles d'air.

Un mouvement attire mon attention de l'autre côté de la crypte. Entre deux blocs de ciment, débouchant d'une galerie latérale, JOY observe les WARRIORS qui encerclent le corps de Vincent remonté à la surface de l'eau. Elle regarde une fille s'approcher de lui, le prendre dans ses bras et le serrer avant de le laisser à un garçon. Puis le visage livide de Vincent glisse sous l'eau sans résistance.

En face de moi, JOY a abandonné sa position. Dans cette partie du décor, au même instant, se produit une très violente explosion aussitôt suivie d'un deuxième éclair de lumière, plus puissant, plus long. L'onde de chaleur traverse tout l'espace. Comme s'il avait été frappé par une bombe, le toit se déchire dans un énorme grincement métallique. L'eau du réservoir commence à se déverser, les modules scéniques s'effondrent dans un vortex de flammes et de composants pulvérisés. L'incendie élève instantanément la température. Un élément de la voûte centrale tombe près de moi, déclenchant une série d'explosions dans le sable. Des nuages de couleur montent vers le ciel, des millions de fragments de poussière trempée retombent, provoquant une sensation de nausée, rapidement, une altération de ma conscience. Comme si j'avais été touché et me noyais. Du sang coule entre mes doigts. Ma bouche est sèche. Jonché d'éclats de verre, le sol s'ouvre sous mes pieds. Une sirène retentit. À travers les colonnes de fumée, la lumière blanche des projecteurs d'urgence fait apparaître des êtres à corps humain et tête animale, des crânes, des scalps, ossements, têtes de bison, de mammouth, lingam, pénis de taureau, flottant dans les ruines du bassin, au milieu des rochers. Entre les accents des sirènes, je perçois des gémissements de bêtes et des voix étranges. Je tombe en avant, me relève, ébloui par les faisceaux des projecteurs de secours, je traverse des monceaux de décors, parvenant à reprendre le SIG en main. La scène s'éclaircit un peu. Dans une guirlande de feu, je vois un homme armé d'un fusil d'assaut contraindre brutalement JOY à garder la tête baissée, les mains dans le dos. Je l'engage. Je parviens à contrôler mon souffle. J'appuie sur la détente, je sens le percuteur se libérer, vibrer dans toute la partie supérieure de mon corps, je sens le coup traverser le champ de tir et toucher l'homme au centre de la tête. Il lâche le bras de JOY qui se dérobe. Une silhouette se dresse dans les décombres. C'est David.

Plusieurs secondes s'écoulent pendant lesquelles je ne suis plus en mesure de suivre l'enchaînement des faits. Soudain, à une vingtaine de pas devant moi, j'aperçois David à genoux. JOY le tient par les cheveux, le forçant à lever le menton vers elle, face à son arme. Elle l'insulte, crache sur sa figure couverte de boue. Avant que David ne commence à lui parler, JOY frappe très violemment son crâne avec le canon du pistolet. David se laisse tomber en arrière. Mais elle le retient par les cheveux, avance son bassin contre son visage, écartant les jambes pour l'assujettir une dernière fois, lui imposer sa force en portant son arme contre son front. Elle appuie sur la gâchette. La balle transperce la tête de David qui disparaît dans les flammes du canon. JOY crache deux fois sur son corps. Elle lève les yeux vers moi. Elle s'approche dans la fumée qui continue à se répandre, dans laquelle je devine la présence des WARRIORS accomplissant leurs ACTES de vengeance, à quelques minutes d'intervalle. Comme des énigmes. En démons. Enfants-fantômes tuant leur oppresseur, imposant la primauté du combat, dans les premiers rayons du jour, les plaintes, la douleur, les gouttes de pluie très fines qui brillent sur leurs visages comme de l'or. Assassiner pour entrer en contact et communier avec les objets de haine. À travers les larmes, je distingue des hélicoptères au-dessus des arbres de fumée, forêt magique traversée par des assauts successifs, sanctuaire où des faons viennent manger les roses incandescentes des couronnes mortuaires, les fleurs qui poussent entre les tombes éparses ne portant aucune inscription, stupas, sépultures numériques, rangées de croix blanches des militaires tués en tenue d'apparat, gladiateurs aux épaules et aux bras couverts de croix gammées. Visages mutilés, martelés, rendus méconnaissables. Ornements verts destinés aux musulmans les plus pauvres, inhumés, dos à la mer, le visage tourné vers l'est. Toutes les espèces qui avancent dans la dernière aurore, d'autres îles de lumière dans lesquelles courent des garçons et des filles aux yeux de Shiva.

Mes jambes s'enfoncent dans le sol. Je me redresse, plus faible, plus sensible à la douleur. Je tombe encore une fois parmi les décombres. Une sphère tourne sur elle-même, s'élève comme un ballon dans un abîme de flammes, des cendres du décor dans lequel je me couche. JOY est debout, au-dessus de moi. Elle s'assied sur mon abdomen, l'enserre de ses genoux. Son visage, à peine reconnaissable, sa poitrine sont couverts de sang. Je vois son cœur palpiter. Elle se penche sur mon visage, se redresse. Je l'attire sur moi. Sa respiration semble s'arrêter. Elle ferme les yeux, avance ses seins sur mes lèvres. Elle a un soubresaut. Renversant la tête en arrière, elle enfonce ses ongles dans mes épaules. Sa respiration paraît se débloquer, devenir à nouveau plus facile, même si elle garde les paupières crispées pour retenir ses larmes. Elle prononce un mot que je ne comprends pas. Les blessures sur sa main continuent de saigner. Le rythme de sa respiration s'accélère à nouveau lorsqu'elle pose sa main sur mes yeux. Elle gémit. Elle sent la violence et la mort traverser le ciel, l'aigle de Vincent tomber sur nous pour nous déchirer avant que nous puissions hurler l'amour.

RÉALISATION : NORD COMPO MULTIMÉDIA À VILLENEUVE-D'ASCQ
IMPRESSION : CORLET IMPRIMEUR S.A. À CONDÉ-SUR-NOIREAU
DÉPÔT LÉGAL : JANVIER 2013. N° 107301 (151294)
Imprimé en France